住房城乡建设部土建类学科专业"十三五"规划教材

A+U 高校建筑学与城市规划专业教材

Architecture

and

建筑初步

李延龄 编著

Urban

第2版

中国建筑工业出版社

图书在版编目（CIP）数据

建筑初步／李延龄编著 . —2 版 .—北京：中国建筑工业出版社，2017.12

住房城乡建设部土建类学科专业"十三五"规划教材

A+U 高校建筑学与城市规划专业教材

ISBN 978-7-112-21573-7

Ⅰ . ①建… Ⅱ . ①李… Ⅲ . ①建筑学 – 高等学校 – 教材 Ⅳ.① TU

中国版本图书馆 CIP 数据核字（2017）第 289376 号

责任编辑：王　惠　陈　桦
责任校对：芦欣甜
书籍设计：付金红

住房城乡建设部土建类学科专业"十三五"规划教材
A+U 高校建筑学与城市规划专业教材

建筑初步（第 2 版）

李延龄　编著

*

中国建筑工业出版社出版、发行（北京海淀三里河路 9 号）

各地新华书店、建筑书店经销

北京方舟正佳图文设计有限公司制版

北京建筑工业印刷厂印刷

*

开本：787×1092 毫米　1/16　印张：11¾　字数：267 千字

2018 年 4 月第二版　2019 年 7 月第八次印刷

定价：35.00 元

ISBN 978-7-112-21573-7

　　　　（31231）

再版前言

《建筑初步》教材通过了四年的使用，得到了广大读者的认可，同时也得到了有关专家的肯定并被推荐为住房城乡建设部土建类学科专业"十三五"规划教材。

虽然，我们的社会已进入了全电脑的时代，但建筑、规划与园林景观专业在临毕业的求职和考研时都会碰到3~6小时的考题考试。这类快题考试已成为对应届毕业生设计能力鉴定的试金石。这也成了一个比较残酷的现实。为了让学生一入学便了解到快题考试和快速表现的重要性并学习一定快速表现技能。所以该教材在本次修改中进一步加强应用性本科的特点，从而加强了对动手技能方面的训练与培养。为此，在第四章"建筑表现初步"内容有较大的修正，其修改如下：

1. 增加了钢笔徒手表现的内容，加强了钢笔徒手画的技能训练，特别强调建筑表现与建筑设计的关系。

2. 增加了钢笔水彩快速渲染的表现内容，在原小宾馆渲染的基础上又增加了，售楼小屋、汽车俱乐部和小别墅立面渲染等内容，不同的快速渲染作业可供不同的教学要求与目的所选用。

3. 对原有的"建筑透视"内容中的作图过程与步骤作了进一步简化，便于教师讲述和学生自学与作图。

4. 增加了"快速表现"这一章节，加强学生对快速表现的理解和训练，在彩色铅笔的练习的基础上增加了马克笔的基础练习，让学生尽早地掌握快速表现技能而奠定良好基础。

在本教材的书面内容作了较多修正的同时，也增加了六个章节的视频内容，录制了不同章节的讲述和作图过程供广大师生参考。

　　本教材虽作了较多的修正，但还是会存在一定的不足与错误。最后在衷心感谢您使用的同时，也希望您对教材中的不足和问题多提宝贵意见，以便以后的修正。谢谢！

2017.11

前　言　Preface

　　"建筑初步"是建筑学专业的一门专业基础课程。本教材以图文并茂的形式，将初学建筑设计所能涉及的一些基础设计理论、中外建筑基本知识、房屋的组成、建筑表现初步以及建筑设计的入门等章节内容一一介绍给读者。

　　本课程的教学方式，以教师课堂讲述与学生反复作业练习为主进行。从认识建筑、表现建筑到自己动手进行简单的或模仿性的设计建筑，我们的教学目的和本教材编写宗旨始终都围绕着这一目标而展开。

　　高科技时代的今天，人才竞争的年代也随之到来，毕业后的就业、考研以及出国留学，都越来越强调快题考试和手绘之能力，这是社会行业对建筑设计类专业学生的一种能力测试和考评，也是一种无法抗拒的社会现象。为让学生能应对这一社会现象，本教材加强了应用能力培养和动手技能训练之内容的编写。同时，特意编写了第6章"习题与指导"，希望能得到良好的教学效果。在执行中各校可根据本校的具体情况和教学内容进行增减。

　　由于我们的教学经验和理论水平有限，书中难免存在一定的缺点和错误，恳切希望得到广大学者和教师们的批评指正。

　　本书由李延龄主编，具体的章节编写分工如下：第1章由崔艳负责，第2章由丁蔓琪负责，第3、4章由李延龄负责，第5章由刘骜负责，第6章由李延龄、沈燕燕负责。在编写过程中还得到了钱芝茜、李李、李迪等同志的大力帮助和支持，在此一并表示衷心感谢。

目 录　　　　　　　　Contents

002　　**第 1 章**　　　**建筑概论**

002　　　　　　　　　1.1　认识建筑

005　　　　　　　　　1.2　建筑设计各阶段工作内容与学习特点

008　　　　　　　　　1.3　构成建筑的基本要素

019　　**第 2 章**　　　**中西方建筑基本知识**

019　　　　　　　　　2.1　中国古代建筑

030　　　　　　　　　2.2　西方古典建筑

037　　　　　　　　　2.3　西方现代建筑

041　　**第 3 章**　　　**房屋建筑的构造组成与作用**

041　　　　　　　　　3.1　房屋建筑的构造组成

041　　　　　　　　　3.2　不同构件的组成与作用

047　　**第 4 章**　　　**建筑表现初步**

047　　　　　　　　　4.1　房屋工程图的图示原理和建筑线条图的表示

050　　　　　　　　　4.2　建筑工具线条图的绘制与要点

057　　　　　　　　　4.3　钢笔徒手表现

065　　　　　　　　　4.4　钢笔水彩的表现

070　　　　　　　　　4.5　方案设计的快速表现

073　　　　　　　　　4.6　模型制作

080　　　　　　　　　4.7　建筑测绘

084　　　　　　　　　4.8　建筑透视图的基本概念

089　　**第 5 章**　　　**建筑设计入门**

089　　　　　　　　　5.1　建筑设计特点与基本要求

091　　　　　　　　　5.2　建筑方案设计方法

105   **第 6 章**   **习题与指导**

105   6.1   钢笔徒手画练习（1）

109   6.2   钢笔徒手画练习（2）

122   6.3   钢笔工具线条练习

125   6.4   建筑环境表现练习

129   6.5   字体练习

132   6.6   建筑方案图抄绘练习

144   6.7   建筑透视作图练习

150   6.8   钢笔水彩渲染练习

156   6.9   快速表现

171   6.10 模型制作

172   6.11 建筑测绘

173   6.12 小建筑设计

174   **参考文献**

A+U

第1章 Introduction to Architecture
建筑概论

尽管现阶段我们对建筑的学习刚处于一个初级阶段，但我们已经发现建筑现象是如此丰富，面对如此浩瀚的建筑知识，我们首先要理清一些基本概念。

1.1 认识建筑

什么是建筑？建筑是如何产生的？建筑区别于其他事物的最根本的特征是什么？这些问题是关于建筑学习的最基本问题。我们将从建筑的起源和发展角度来探讨建筑是如何产生的；从建筑的本质与范围角度来探讨建筑区别于其他事物的最根本特征。

1.1.1 建筑的起源与发展

建筑的历史和人类的历史几乎差不多久远。从古至今，建筑形式也发生着较大的变化。总的来说，建筑的起源和发展都和人类社会的生产力发展有关。建筑的发展是一个永不停息的过程。

1）建筑的起源

建筑是伴随着人类社会的进步而产生的。在原始社会早期，人类就通过穴居、巢居等简单的形式来获得庇护空间。最早，人类利用天然的洞穴等来遮风避雨，后来学会使用树枝、石块等天然材料独立构筑巢穴，进而学会建造能满足复杂使用要求的建筑。一般认为，奴隶社会开始后，人类才产生大规模的建造活动。

在我国山西临潼临河的北岸姜寨地区，距今约 4500 年前的新石器时代，已产生较为成熟的建筑聚落。姜寨遗址的聚落甚至具有分区规划的概念，房屋被分为若干个建筑群，每群包括一座大房子与若干中小型房子（图 1-1）。

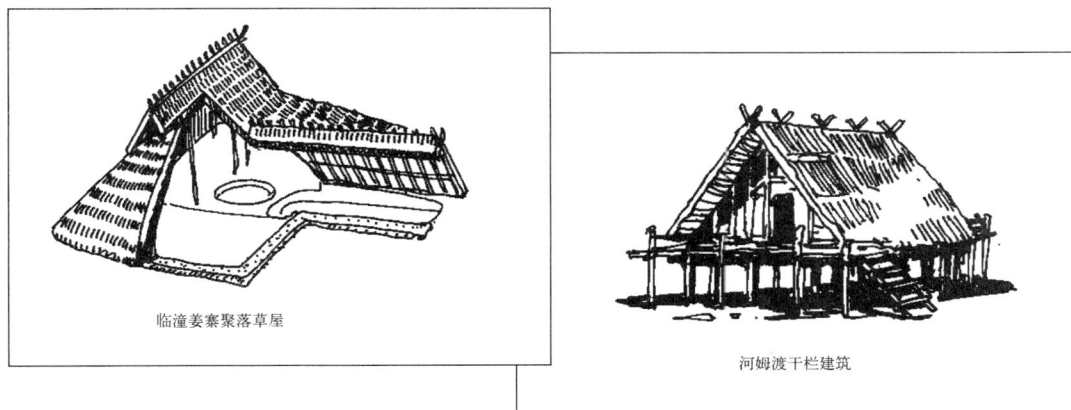

图 1-1 我国古老的建筑形式

　　而古埃及地区在距今 2500 年至 1000 年的时间内，发展出繁复多样的建筑样式。古希腊的建筑艺术，则是西方建筑艺术的起源（图 1-2）。

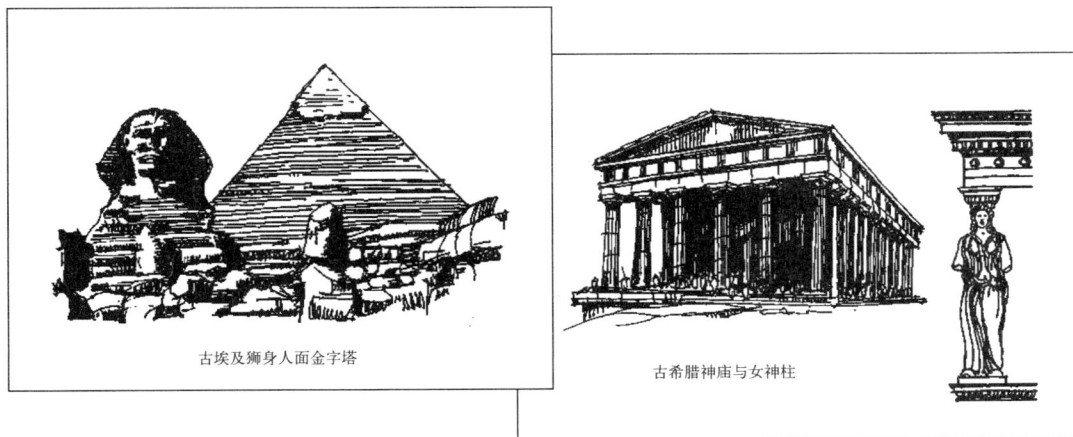

图 1-2 古埃及与古希腊的建筑艺术

2）建筑的发展

　　随着社会的进步与发展，建筑业也随之发展，房屋的功能不再停留在日常的居住与生活上。它涉及人们一切活动的范围。

　　阶级产生了：出现了供统治阶级使用的宫殿、府邸、庄园、陵墓、庙宇，以及现代的纪念堂馆。

　　生产的发展：出现了作坊、工场乃至现代化工厂。

　　商品交换的产生：出现了店铺、钱庄、当铺乃至现代的百货公司、商场、贸易中心以及超市和银行。

　　交通的发展：出现了驿站、码头以及现代的车站、港口、机场、地铁站等。

科学文化的发展：出现了私塾、书院，进而发展到现代的各类学校、科技馆、文化馆、影剧院、博物馆等。

社会不断地进步与发展，建筑类型日益丰富，建筑技术也不断提高。建筑的形象同样也会随着人们审美意识的提高而发生巨大的变化（图1-3）。

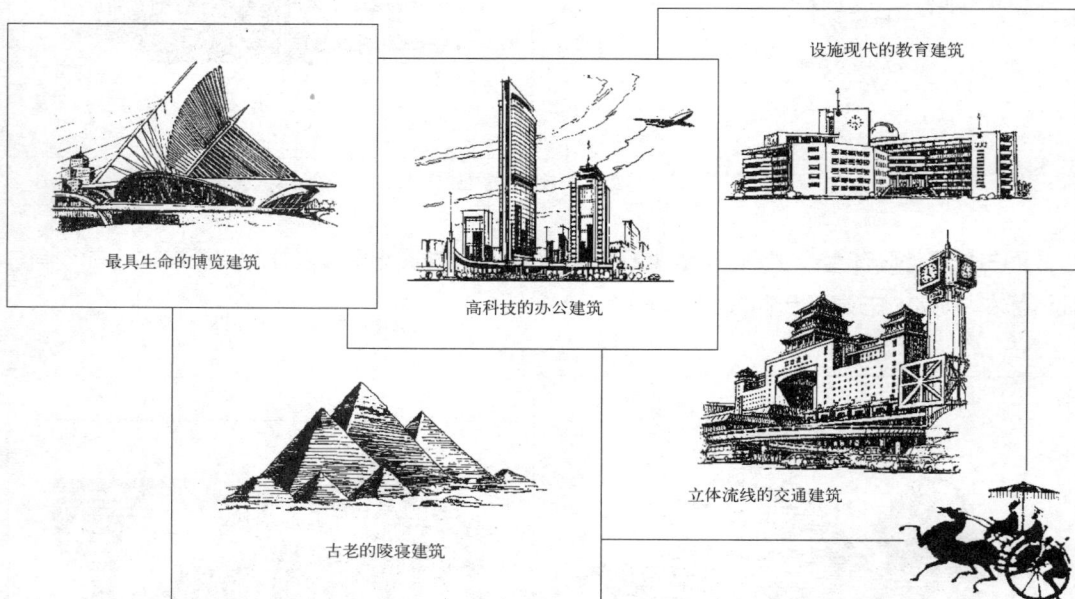

图 1-3 建筑的发展

总之，建筑的形成与发展都将受到不同政治制度、思想意识、自然条件、经济基础以及物质技术等方面因素的影响，不同时代的建筑都会反映出不同年代的气息。

1.1.2 建筑的本质与范围

建筑的本质也就是建筑区别于其他事物最根本的内在特征。依据是否具有建筑的本质这个标准，我们可以知道建筑的范围。

1）建筑的本质

建筑的本质从古至今不外乎是取得一种人为的环境，这种环境可称之为空间。远古时期人们用树枝、石头构筑巢穴，目的是营造一个能躲避风雨和野兽侵袭的栖息空间。而现代人则利用各种技术和手段建造出各种不同的建筑，其实也都是在为不同的活动目的而营造相应的环境和空间（图1-4）。

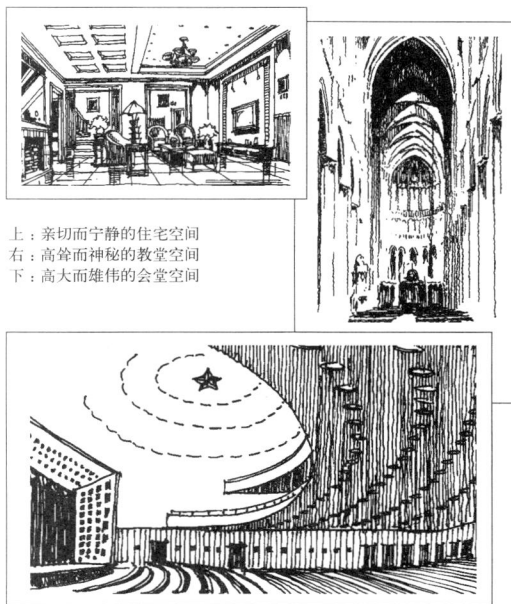

上：亲切而宁静的住宅空间
右：高耸而神秘的教堂空间
下：高大而雄伟的会堂空间

图 1-4 不同的活动需要不同的空间

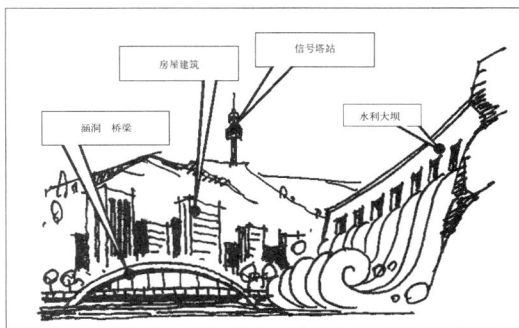

图 1-5 建筑的范围

2）建筑的范围

人们通过建造活动，创造了一种人为的物质环境和空间，通常大家也都将这些周围有墙、上部有顶的空间称之为建筑物和建筑群。

但在这类物质环境空间中，我们还会发现一些为建筑物或建筑群配套服务的设施，如：水塔、烟囱、电视塔、水库大坝、桥梁等等。这些设施称之为构筑物，也有人认为它同样属于建筑物范畴之内（图 1-5）。

1.2 建筑设计各阶段工作内容与学习特点

建筑设计是一项较为复杂而又艰巨的创作工作，它不像单纯地完成一幅油画、一座雕塑，或制造一个简单的工业产品一样，建筑设计所涉及的内容与程序非常复杂。下面就房屋设计过程中的内容与依据、前期阶段的准备、阶段划分等内容作一些介绍。

同时，对建筑学专业在校学习的主要内容，应具备的能力，以及专业学习的特点，也作一定的介绍，这对今后的学习会有帮助。

1.2.1 房屋建筑设计的内容与依据

房屋建筑设计的内容除了我们视线经常可及的建筑设计部分外，还包括隐藏在建筑内外但是又和建筑使用息息相关的其他设计工作。另外，在进行房屋建筑设计时，也不可以随心所欲，需要有依据。

1）房屋建筑设计的内容

房屋建筑的设计工作一般会有：建筑设计、结构设计和设备设计。三大部分的内容如图 1-6 所示。

· 建筑设计
包括：建筑物内外空间的组合，建筑环境
与造型设计，以及细部构造的技术设计

· 结构设计
包括：结构的选型与计算，结构的布置与
构件设计，以确保建筑物的绝对安全

· 设备设计
包括：建筑物中的给水排水、供热、通风、
电气（强、弱）、燃气等，以及保证房屋的
正常使用及改善室内物理环境的重要设计

图 1-6 房屋设计的内容

　　建筑设计是整个房屋设计的龙头，需要与结构设计、设备设计做好各项协调工作，确保
房屋建筑设计的顺利进行和圆满完成。

2）房屋建筑设计的文件依据

　　房屋建筑设计是一项综合性较强的工作，它所涉及的面较广，例如：建筑设计的方针政策、
建筑设计的规范标准、城建部门和规划部门对建筑的要求等等。具体的书面文件类型如图 1-7 所示。

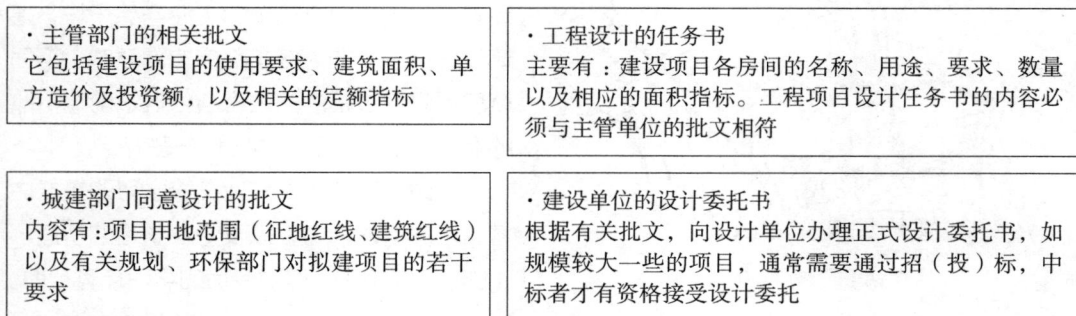

· 主管部门的相关批文
它包括建设项目的使用要求、建筑面积、单
方造价及投资额，以及相关的定额指标

· 工程设计的任务书
主要有：建设项目各房间的名称、用途、要求、数量
以及相应的面积指标。工程项目设计任务书的内容必
须与主管单位的批文相符

· 城建部门同意设计的批文
内容有：项目用地范围（征地红线、建筑红线）
以及有关规划、环保部门对拟建项目的若干
要求

· 建设单位的设计委托书
根据有关批文，向设计单位办理正式设计委托书，如
规模较大一些的项目，通常需要通过招（投）标，中
标者才有资格接受设计委托

图 1-7 具体的书面文件类型

1.2.2　建筑设计的前期准备和阶段划分

　　建筑设计是一个复杂的过程，它涉及不同的专业以及各公众之间的相互配合。实践证明，
遵循必要的设计程序，充分做好设计前的准备工作，并划分必要的设计阶段，这对提高房屋
建筑的设计质量和建造质量是极为重要的。

1）设计前的准备工作

　　建筑设计前的准备工作主要有如图 1-8 所示的几个方面。

·熟悉设计任务书
包括：建设项目的基地范围、总建筑面积、项目的使用要求以及水电等设备的要求

·收集设计必要的设计原始资料与数据。
包括：工程水文地质资料、气象数据、市政水、电、燃气等管线走向情况，以及相关的地方定额指标和建材供应情况

·前期的调查研究
包括：走访调研当地传统习惯与风俗，与使用单位沟通，进一步了解与明确房屋的使用要求和特点。踏勘现场，调研基地实际情况，并了解基地周围及相邻建筑的相关情况与要求

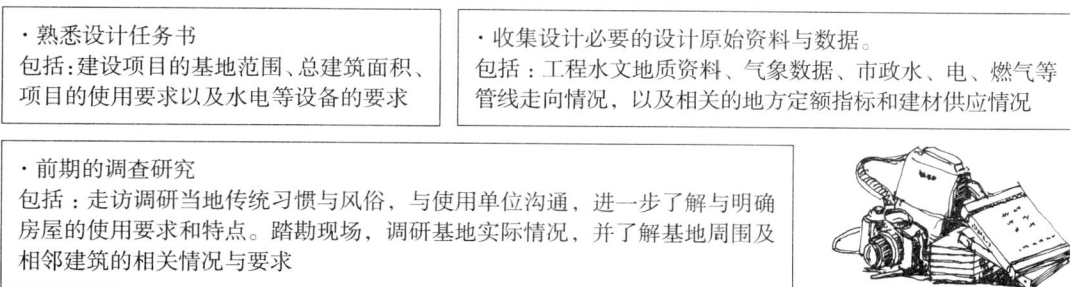

图 1-8 设计前的准备

2）建筑设计的阶段划分

　　房屋建筑的设计阶段划分通常可分方案（初步）设计阶段、技术（扩初）设计阶段和施工图设计阶段（图 1-9）。

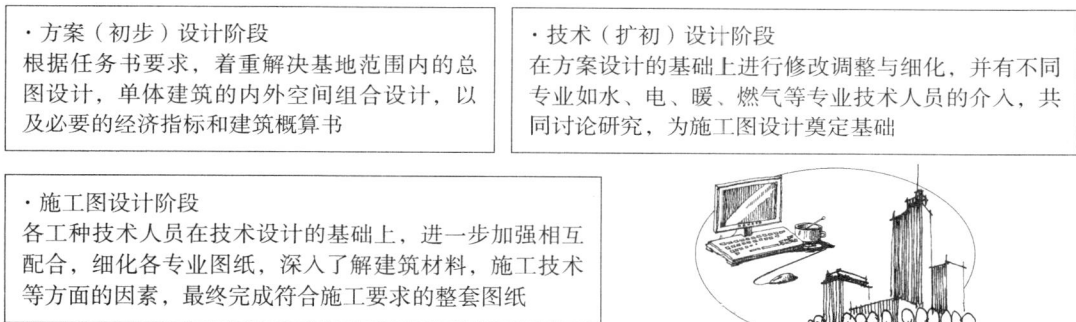

·方案（初步）设计阶段
根据任务书要求，着重解决基地范围内的总图设计，单体建筑的内外空间组合设计，以及必要的经济指标和建筑概算书

·技术（扩初）设计阶段
在方案设计的基础上进行修改调整与细化，并有不同专业如水、电、暖、燃气等专业技术人员的介入，共同讨论研究，为施工图设计奠定基础

·施工图设计阶段
各工种技术人员在技术设计的基础上，进一步加强相互配合，细化各专业图纸，深入了解建筑材料、施工技术等方面的因素，最终完成符合施工要求的整套图纸

图 1-9 建筑设计的阶段划分

1.2.3　建筑学专业的学习与特点

1）专业学习的知识内容与能力

　　根据五年制建筑学专业的培养目标与教学大纲的要求，作为一名未来的建筑师，在校期间需要学习以下几方面的专业知识的内容，并掌握一定的专业技能（图 1-10）。

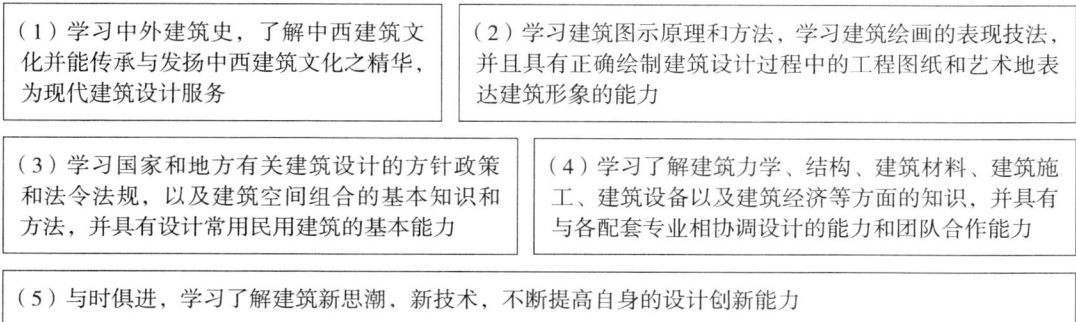

（1）学习中外建筑史，了解中西建筑文化并能传承与发扬中西建筑文化之精华，为现代建筑设计服务

（2）学习建筑图示原理和方法，学习建筑绘画的表现技法，并且具有正确绘制建筑设计过程中的工程图纸和艺术地表达建筑形象的能力

（3）学习国家和地方有关建筑设计的方针政策和法令法规，以及建筑空间组合的基本知识和方法，并具有设计常用民用建筑的基本能力

（4）学习了解建筑力学、结构、建筑材料、建筑施工、建筑设备以及建筑经济等方面的知识，并具有与各配套专业相协调设计的能力和团队合作能力

（5）与时俱进，学习了解建筑新思潮、新技术，不断提高自身的设计创新能力

图 1-10 应掌握的专业知识和技能

2）建筑学专业学习的特点

建筑学专业的学习（含城乡规划专业、风景园林专业），它既要求学生掌握必要的专业理论知识和专业技能，又要求学生不断提高自身建筑艺术方面的素养，进一步加强建筑设计与表达能力，为自己早日成为一名合格的建筑师（规划师、设计师）做好准备。

目前，高校毕业生就业和考研的形势非常严峻，建筑学专业也不例外，快题设计考试似乎已成为检验一名考生的试金石。确实，通过短短 3 ～ 6 小时的快题考试，能大致反映出一名考生的设计构思能力和设计的表达水平。

业内曾流行过这样一句话"不怕你想不出，只怕你画不出。"如何将自己的设计构思与想法，全面地、正确地、形象地表达出来，似乎已成为摆在广大学者面前的一项重要工作。前面所说的快题考试，一律采用手绘的形式，不允许携带电脑。在这短短的几小时内，要全面地、生动地表达出自己的设计水平，确实有一定的难度。这就要求我们"勤练手"，特别是一、二年级的学生，要坚持每天动动手，练习手绘和建筑徒手画。我们倡导建筑学同学要做到"三多"：多看、多想、多画（图 1-11）。

·多看——坚持多跑图书馆、资料室以及利用一切机会多外出考察和旅游，多看建筑书籍与建筑实例	·多想——对所看到的建筑资料和实例，多想一想，多分析该建筑物，如好在哪里？不好在哪里？多问几个为什么

·多画——将自己所看到的建筑资料或实例，通过徒手画将其勾画下来，并简单地文字注解一下，现场无法勾画的也可拍成照片带回，然后再勾画。只有通过这样的勾画，才能加深对建筑物的印象，这既做到了练习，同时又为今后的设计收集了真正属于自己的第一手资料

图 1-11 我们的学习特点

事实证明，只要你能坚持"三多"，每天坚持利用一些课前饭后的零星时间并持之以恒，都能收获不错的效果，这可能也就是建筑学专业学习的最大特点之一。

1.3　构成建筑的基本要素

早在公元前 1 世纪，罗马一位名叫维特鲁威的建筑师就提出了建筑必须具有的三要素：坚固、适用、美观，这个观点至今仍被大多数人所接受。针对这三个要素，我们将从建筑功能、建筑技术、建筑艺术三方面分别阐述。

1.3.1　建筑功能

建筑物根据不同的使用功能分类，有居住建筑，办公建筑，交通建筑等等。不同的建筑会有不同的使用特点，但从建筑功能方面来讲，各类建筑都必须满足以下基本要求：

1）满足人体活动尺度的要求

人在不同的建筑空间里活动，人体的各种活动尺度与建筑空间具有十分密切的关系，为了创造出人们活动的必要空间，设计者首先应熟悉人体活动的一些基本尺度，见图1-12。

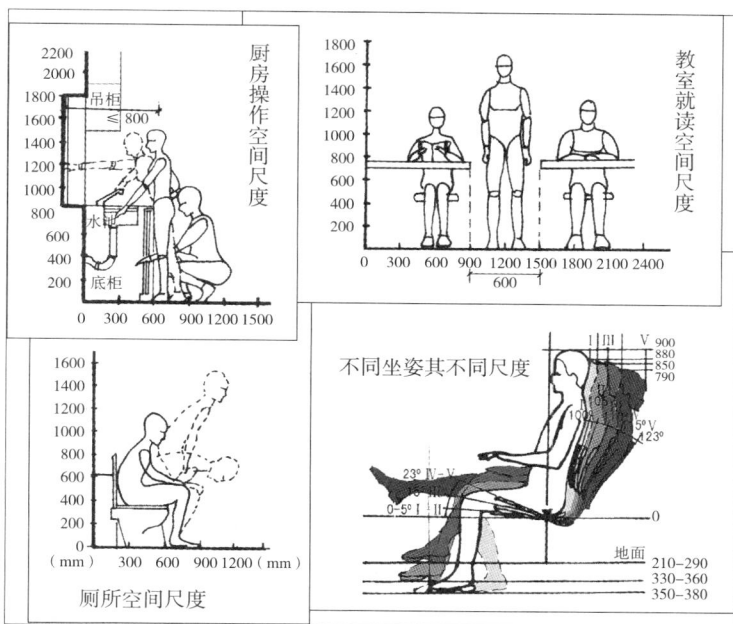

图1-12 人体活动的尺度

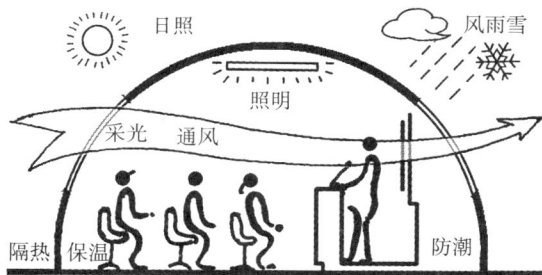

图1-13 满足人的生理和心理要求

2）满足人的生理和心理要求

建筑的使用者都希望拥有一个较为舒适的空间，"舒适"包含了生理和心理两个方面的要求。为了满足人的生理要求，设计者在设计时需要考虑多方面的因素，采取多种手段来满足建筑物的朝向、保温、隔热、隔声、采光、照明等方面的要求，以保证人们正常而又舒适的生活条件（图1-13）。

3）满足人的使用要求

不同类型的建筑都有其不同的使用特点与要求，建筑设计时需要充分考虑这一点。

以长途汽车站建筑为例，一位出发的旅客需经历买票、托运行李、候车、检票等环节，然后再上车。相应地，汽车站设计就需要设置售票厅、行李托取处、候车大厅、检票口、上车月台等功能空间。在整个设计中，还需要避免车流、人流、货物流的交叉，以免造成混乱。汽车站设计首先就要满足这些使用要求，并组织好这些使用空间和相应服务空间的设计（图1-14a、b）。

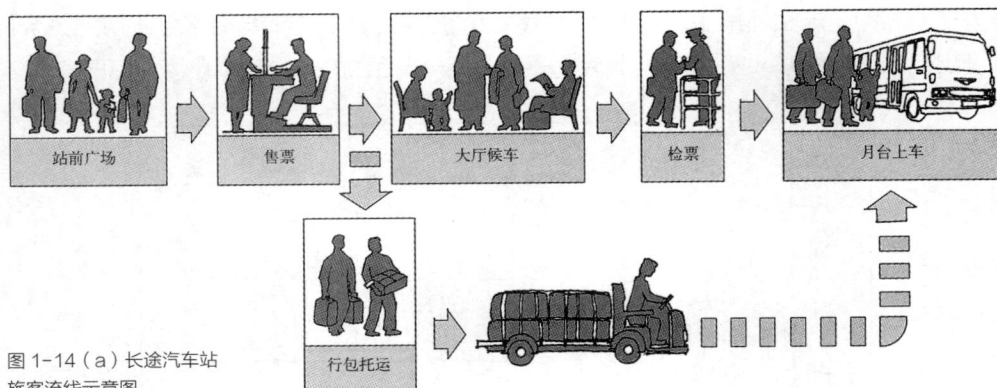

图 1-14（a）长途汽车站旅客流线示意图

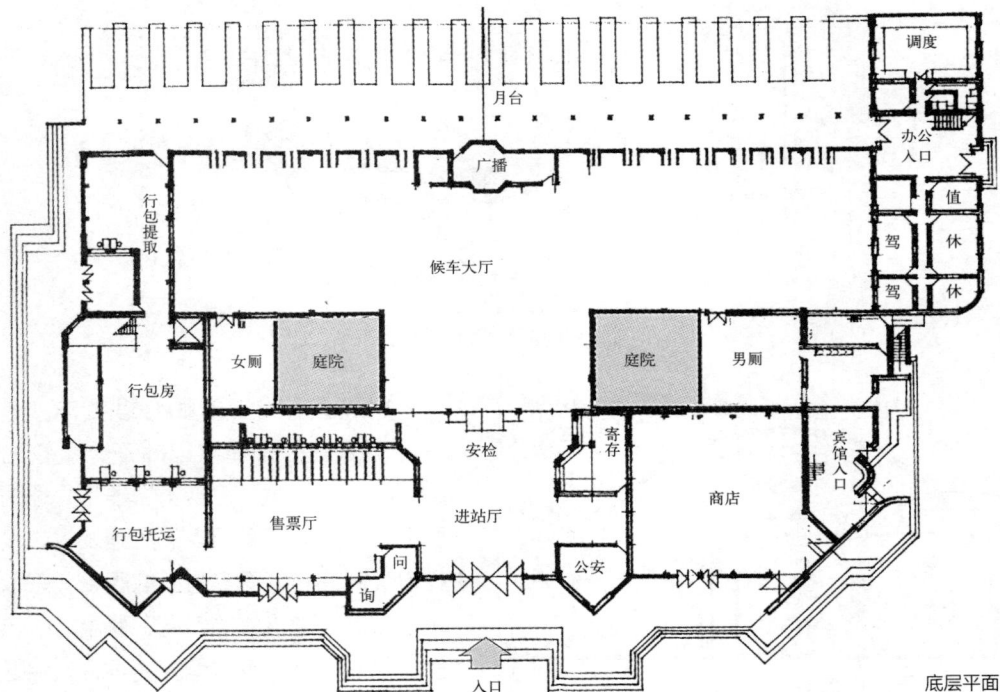

图 1-14（b）某长途汽车站平面图

1.3.2 建筑技术

营造建筑空间所需要的建筑技术主要包括建筑结构、建筑材料和建筑施工三方面的内容。这三部分的内容彼此联系，缺一不可。

1）建筑结构

结构是建筑的骨架。它为建筑内外提供了空间，并承受了建筑物的所有荷载以及自身的荷载。

建筑结构的坚固程度将直接影响到建筑的安全和寿命，同时建筑结构也会随着受力体系的不同而分为不同的结构体系，通常会有以下几种：

（1）以墙或柱承重的梁板结构

最大特点：墙既可用来围护、分隔建筑空间，同时又可用来承担梁板传来的荷载。但它会受到结构的跨度限制，外墙的开窗和内部的空间均不可能很大，见图1-15。

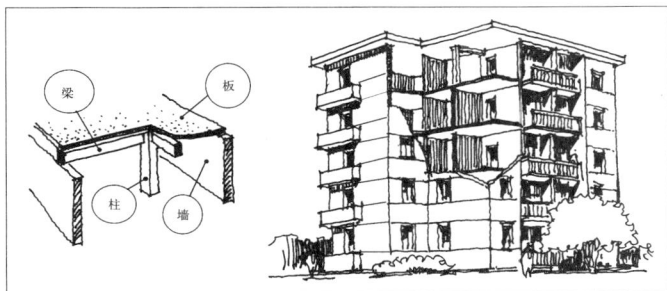

图1-15 以墙、柱承重的梁板结构

（2）框架结构

最大特点：把承重结构与围护结构分开，选择强度高的材料做承重骨架，再覆以围护结构来分隔内部空间，这样内部空间分隔和外墙开窗便非常自由和灵活，极大地提高了设计的可塑性和艺术性，见图1-16。

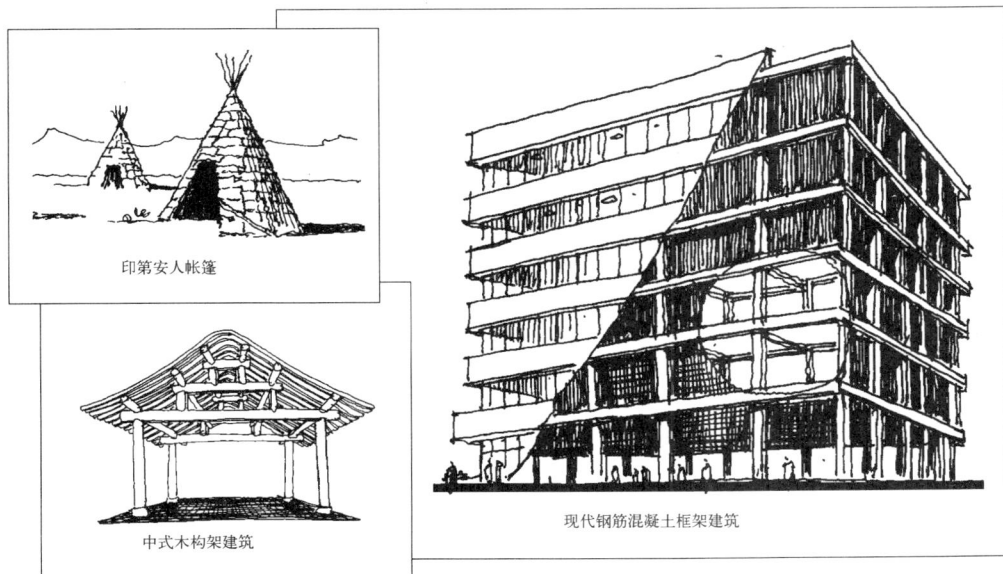

印第安人帐篷

中式木构架建筑

现代钢筋混凝土框架建筑

图1-16 框架结构

（3）大跨度结构

最大特点：可以跨越巨大的空间，来适应特殊的功能要求。

这类结构从古代拱券结构发展而来，随着科学技术和建筑材料的发展，大跨度结构的形式也随之增多，见图 1-17（a）、（b）。

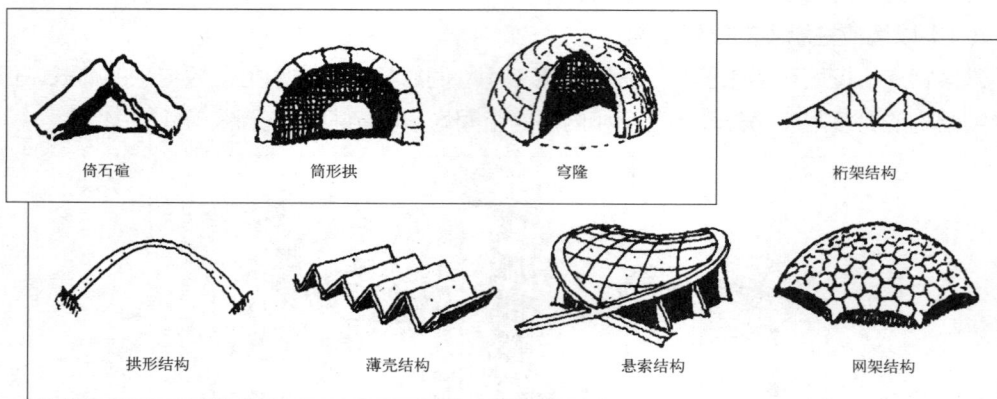

倚石窟　　筒形拱　　穹隆　　桁架结构

拱形结构　　薄壳结构　　悬索结构　　网架结构

图 1-17（a）　大跨度结构的形式

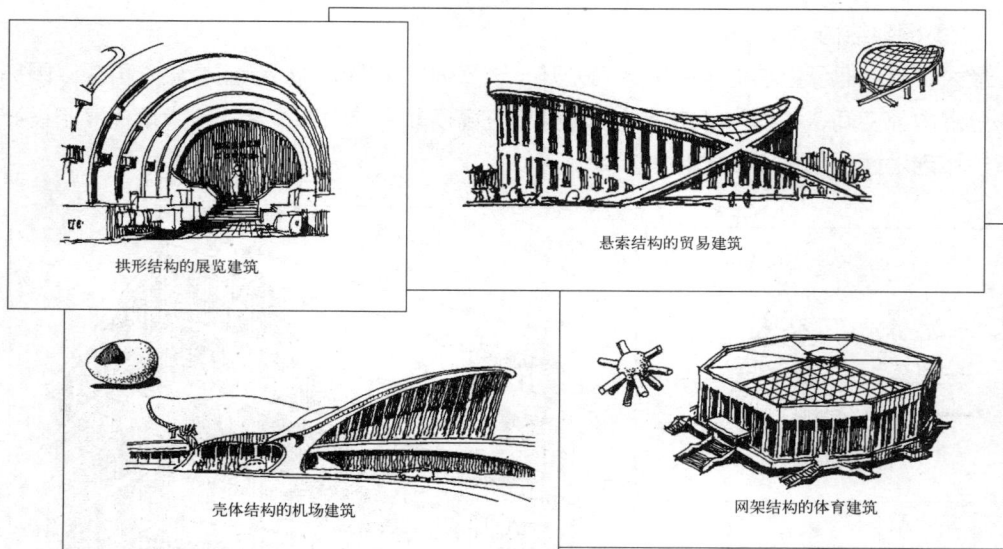

拱形结构的展览建筑

悬索结构的贸易建筑

壳体结构的机场建筑

网架结构的体育建筑

图 1-17（b）　大跨度结构的建筑

（4）悬挑结构

最大特点：利用极大的悬力，从而覆盖空间，以满足建筑的功能之要求，见图 1-18。

对于一名建筑学的同学来说，学习有关建筑力学与结构的基本知识是非常必要的，了解不同结构的特性对建筑创新设计也非常重要。

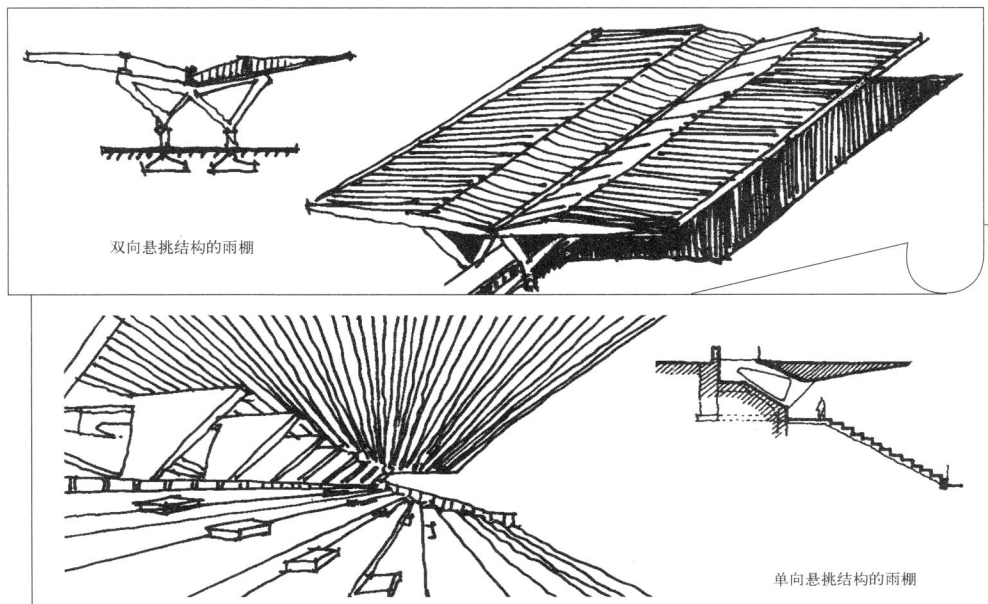

双向悬挑结构的雨棚

单向悬挑结构的雨棚

图 1-18 悬挑结构

2）建筑材料

建筑材料的力学特性往往和建筑结构形式息息相关。换言之，建筑结构的发展是离不开建筑材料的发展的（图 1-19）。例如：砖的出现使拱券结构得以发展；钢和水泥的出现则促进了高层框架结构和大跨度空间的发展。塑胶材料的出现则促使了帐篷式结构建筑、充气建筑以及膜结构建筑的发展。

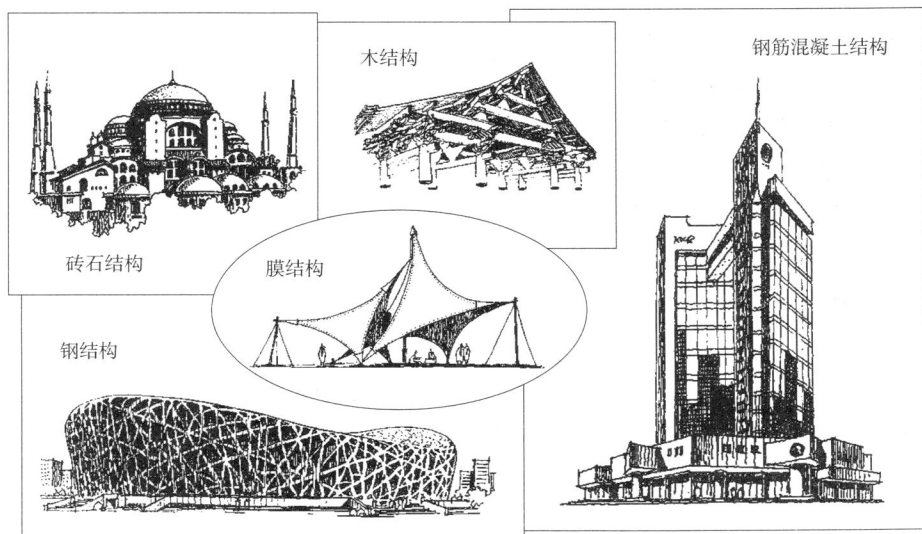

木结构

钢筋混凝土结构

砖石结构

膜结构

钢结构

图 1-19 结构形式离不开建筑材料的发展

3）建筑施工

建筑物通过施工，才能从设计变为现实。通常，建筑施工包括以下两方面内容：

（1）**施工技术**：建筑工人的熟练程度、施工工具和机械、施工方法等。

（2）**施工组织**：建筑材料的储运、施工进度安排、施工人力的调配等。

20 世纪前，大多数建筑的施工一直处于手工业和半手工业的状态，绝大多数建筑物只能以小型块材加以手工砌筑。20 世纪初，建筑才开始了机械化、工厂化、装配化的进程。特别是到了 20 世纪中末期，施工技术有了较大的发展，随之出现了大板建筑、滑模建筑和整体箱形建筑，这给建筑业的繁荣提供了强有力的保证（图 1-20）。

总之，建筑施工技术的发展与提高同样会大大促进建筑设计的创新与提高。

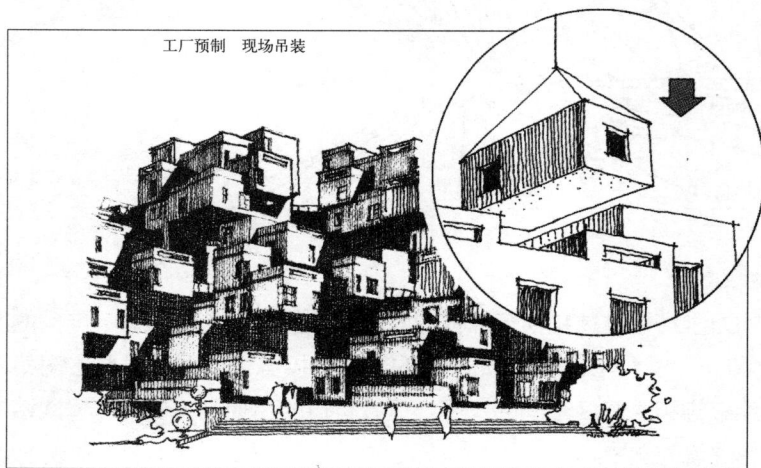

图 1-20 蒙特利尔整体吊装的盒子建筑

4）建筑设备和生态技术

21 世纪的今天，对建筑设计提出了更高的要求，生态建筑、生态技术随之出现，生态建筑与技术主要包括了建筑的节能与减排这两大方面的内容。

随着新科技的发展，充分利用风、光、水为建筑提供绿色能源已成为现实，同时建筑师也在进一步发展节水技术，希望尽早实现并普及建筑的零排放。

1.3.3 建筑艺术

建筑具有科学和艺术的双重特性。就艺术性而言，建筑造型艺术需要符合"建筑形式美的基本规律"（也称之为建筑构图的基本规律）。这些规律是无数建筑师，通过几百年的实践经验总结出来的。

审视建筑美学的基本规律，它主要是通过比例、尺度、均衡、稳定、韵律、对比等要素来塑造的，这主要涉及建筑的基本形体设计和立面处理。

1）比例

指建筑物的各种大小、高矮、长短、宽窄、厚薄等比例关系，以及建筑物各部件与建筑物整体之间的比例关系。这就好比人体头部、四肢等部分与人体总长度之间的比例关系，以及头部、四肢相互之间的比例关系。

优美的人体，其各部分比例关系是和谐的。建筑物整体与局部，局部与局部之间也必须有一种相应的比例关系，只有这样才能保证基本的美感，如图 1-21 所示。

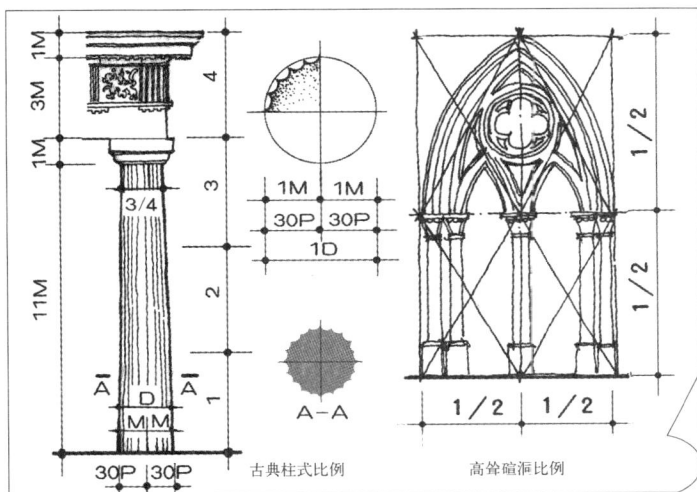

图 1-21 西方古典柱式的比例

2）尺度

指建筑物与人体之间，或者人们常见的某些建筑构件如栏杆、门、窗、柱等与人体在度量上的一种制约关系（图 1-22a、b）。

上：南方私家园林的亲切尺度
左：北方皇家园林的夸张尺度

图 1-22（a） 亲切尺度与夸张尺度的应用

图 1-22（b） 人与门的相应尺度

在建筑设计中，除一些特殊性建筑之外，一般应反映出它与人体之间正常使用所形成的常规大小，以获得正常的尺度感。如忽视这一点，随意放大或缩小某些构件的尺寸，就会给人产生错觉。

一些特殊建筑，如国家级大型建筑，纪念性建筑，以及西方的教堂，为了彰显它的宏伟高大和神圣，通常也会采用一些缩小的尺度来处理。但是一般而言，使用尺度需要谨慎，不宜随意放大缩小。

3）均衡

一提到均衡，就会使人联想到力学的杠杆作用下的平衡。具有巨大重量感的建筑物在形体组合设计时，其均衡感尤其要突出，一旦失去均衡，就会给人不稳定的感觉。

在建筑体型设计中会有不同的手法来求得均衡，同时也会给人带来不同的感受，如图1-23所示。均衡并不等同于对称，可以分为对称和不对称两种，分别适用于不同的建筑气氛。

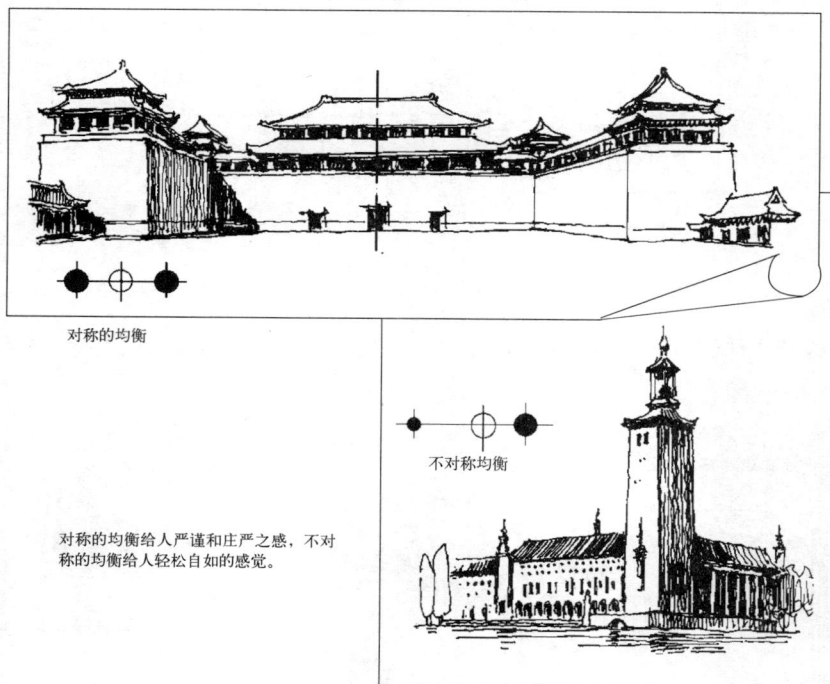

对称的均衡

不对称均衡

对称的均衡给人严谨和庄严之感，不对称的均衡给人轻松自如的感觉。

图 1-23 对称与非对称的均衡

4）稳定

指建筑物上下关系在造型上所产生的艺术效果。

当建筑物的重心不超出其底面积时，较容易获得稳定，上小下大的造型稳定感强烈，常用于塑造庄严稳重的气氛，如图1-24所示。随着技术和审美的发展，也产生了上大下小的新的稳定感，如图1-25所示。

随着建筑技术的发展、结构与材料的更新，
取得稳定感的手法也在不断地创新。

图 1-24 上小下大的传统稳定感

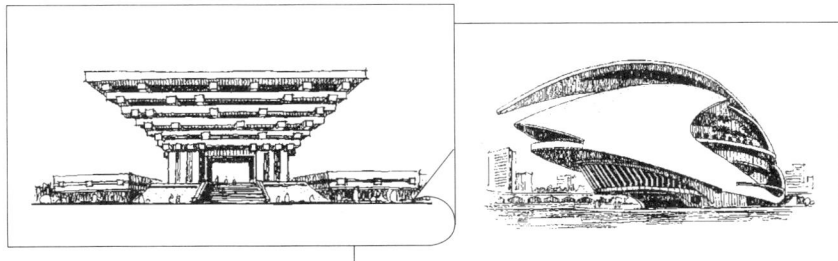

图 1-25 上大下小的新稳定感

5）对比

通过一定的比较，找出差异而进行对比，这是建筑设计中常用的手法，例如从形状、方向、凹凸、虚实等方面找差异，从而获得良好的体量感，见图 1-26。

虚实与凹凸的对比

方向与形状的对比

图 1-26 不同的对比手法

6）韵律

在大自然中，蜜蜂的筑巢六边形不断地连续与重复；大海的波涛一浪推一浪地起伏渐进；

各种编织沿经纬两个方向一隐一显地互相交错。这些自然现象都是按一定的规律排列和重复，从而产生出一定的韵律节奏感。建筑设计中建筑师时常运用这些节奏韵律从而达到美感，见图 1-27。

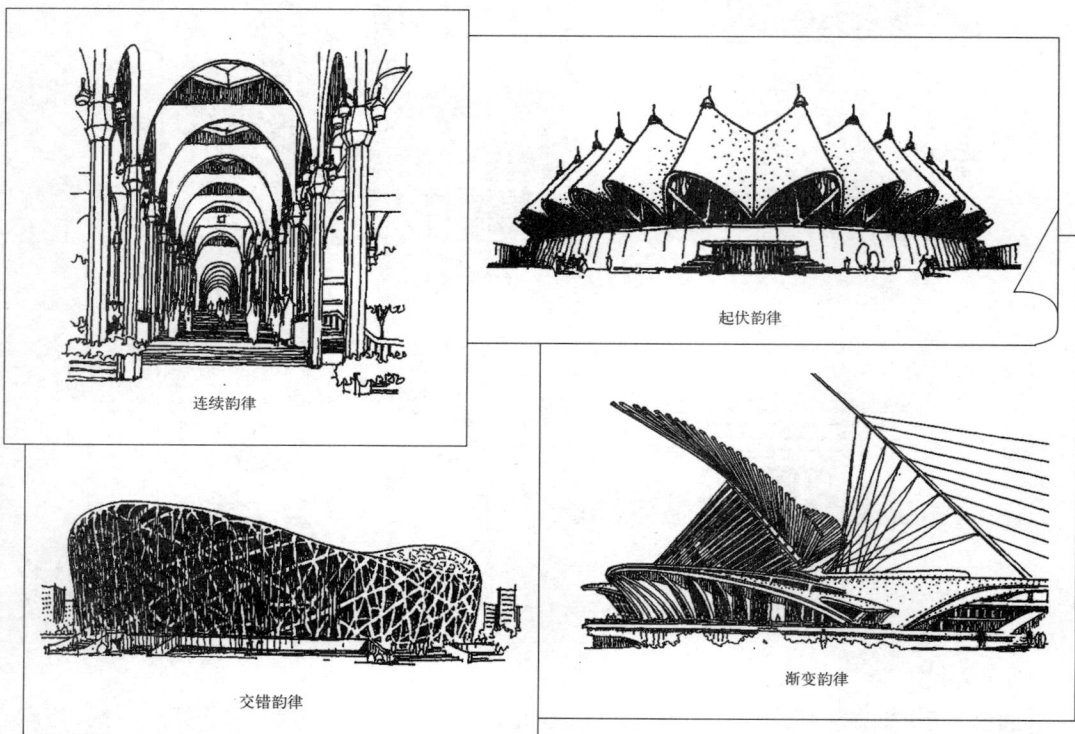

连续韵律

起伏韵律

交错韵律

渐变韵律

图 1-27 不同韵律在建筑中的运用

建筑的功能、技术和艺术，一般来说，功能还是首位，但同样的功能要求，同样的材料和技术条件，由于设计者的设计构思不同，艺术处理的手法不同，结果所得出的建筑，其风格、品位以及艺术形象也可能完全不同。

建筑既是一项具有切实用途的物质产品，同时又是人类社会中一项重要的精神产品。建筑与人们的社会生活有着千丝万缕的联系，同时也是人类生活与习俗、文化与艺术、心理与行为等精神文明的载体。

综上所述，建筑功能、技术、艺术这三者的关系是辩证统一的，这在我们今后的学习中将会得到进一步的验证。

对于一位低年级的同学，在努力学好建筑专业基础课的同时，务必也要提高自身的审美意识，以及建筑手绘能力。虽然 21 世纪已进入了电脑时代，但电脑只是一件工具，它需要我们去操作，我们不光需要具有操作电脑进行辅助设计的基本能力，更需要有指挥电脑操作的素养和审美意识，这样便可为中高年级的建筑设计奠定良好的专业基础。

第2章 Basic knowledge of Chinese and Western Architecture
中西方建筑基本知识

2.1 中国古代建筑

2.1.1 建筑瑰宝

1）原始社会

从历史上看，我国古代建筑经历了原始社会、奴隶社会、封建社会三个阶段。在原始社会里，我们的祖先从穴居、巢居开始，逐步掌握了一些营建房屋的技术，并利用天然材料，如木材、石材等，创造了原始的木构建筑，形成了最早的房屋。

这种原始的木架（骨架）结构，如图2-1所示，奠定了我国古代建筑在结构体系上的基本特征。数千年来，不管受任何外来因素的干扰，这种结构体系可以说没有较大的变革，直到今天还在沿用着，只是由简到繁而已。

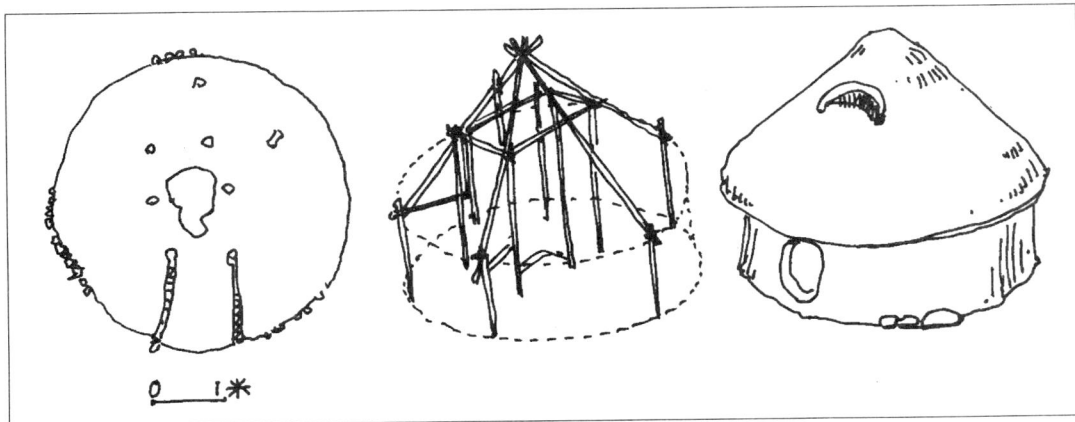

图2-1 仰韶文化的半穴居圆形房子

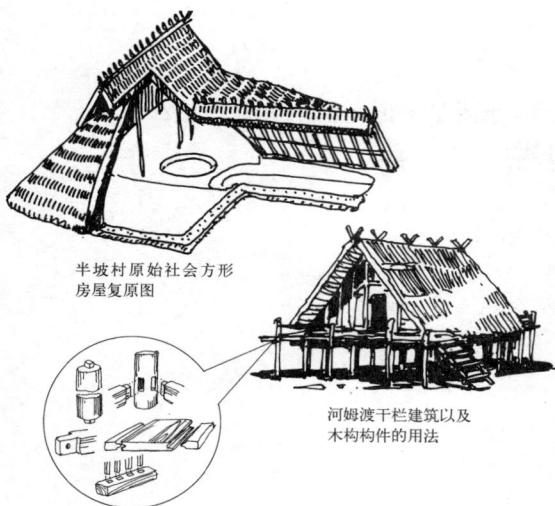

半坡村原始社会方形
房屋复原图

河姆渡干栏建筑以及
木构构件的用法

图 2-2 新石器时期居住建筑

新石器时期居住建筑，半穴居（约 1
米浅坑），在地面掘出方形或圆形浅坑，
坑内一般用二至四根立柱承托屋架，其结
合用绑扎法。屋顶覆以树枝及茅草（有的
表面再涂泥），下部直达地面。入口为附
有门槛之斜坡门道，门道上建两坡屋顶，
一般于室内中央稍前置火塘（图 2-2）。

2）商代

在河南安阳发掘出来的殷墟遗址，
如图 2-3 所示，是商代后期的都城，距
今有四千多年历史。遗址上有大量夯土
的房屋台基，上面还排列着整齐的卵石
柱础和木柱的遗迹。我国传统的木构架
形式在那时已初步形成。

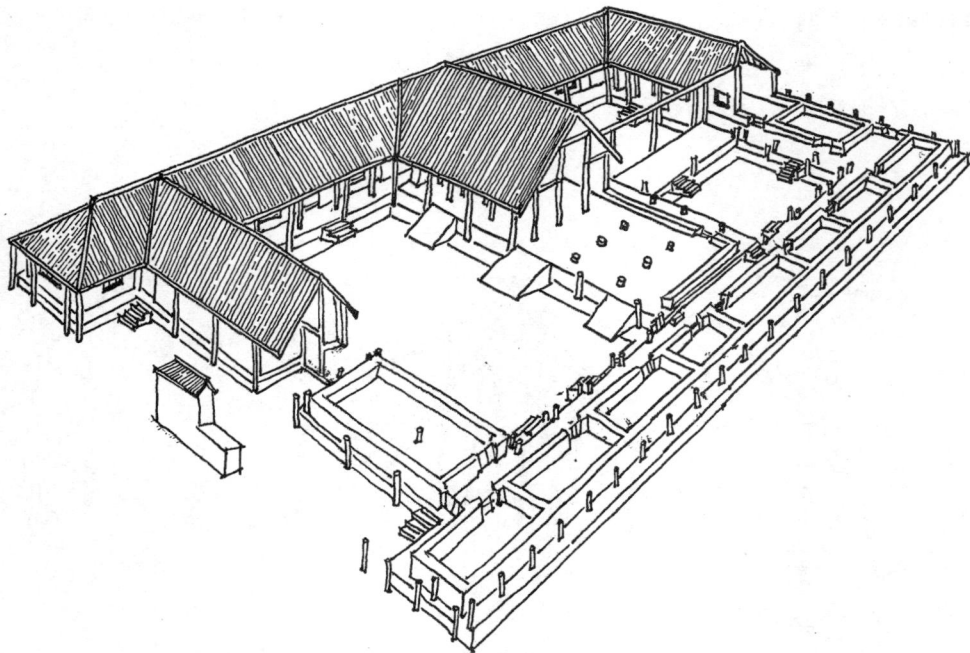

图 2-3 河南安阳殷墟遗址复原想象图

3）秦汉

从各类秦汉时期的出土文物可以看出，我国古代建筑的许多主要特征都已在此时期形成，如：已出现完整的廊院和楼阁；建筑可分为屋顶、屋身和台基三部分；结构做法，如梁柱交接处的斗栱和平座，栏杆的形式都表现得很清楚，如图 2-4 所示。

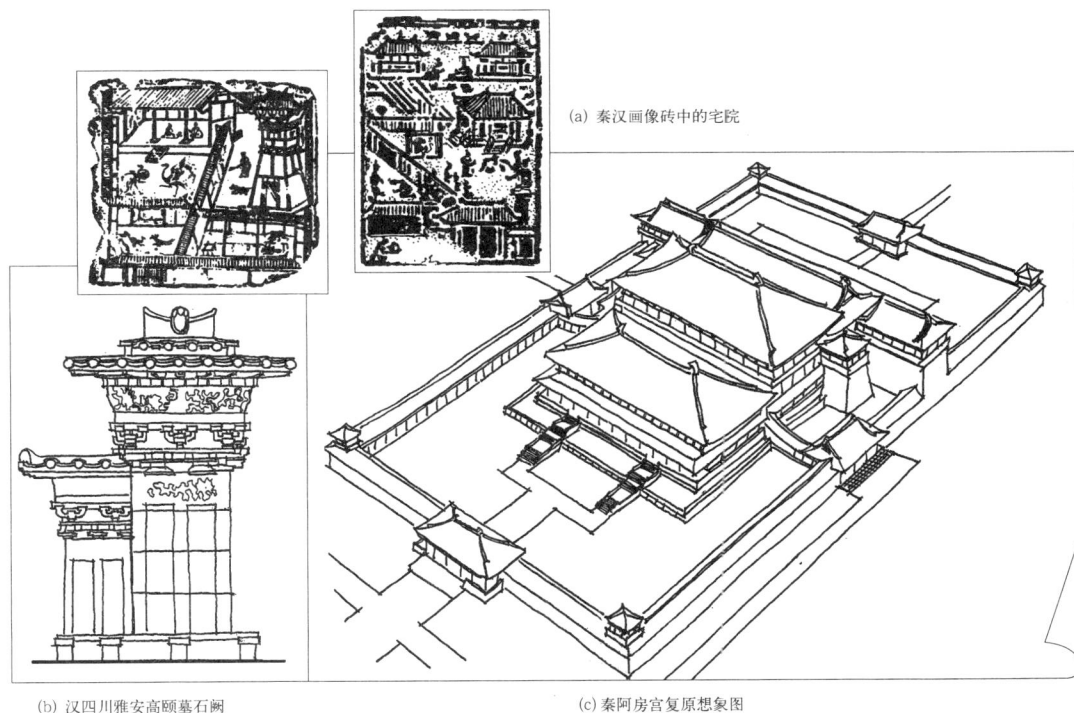

(a) 秦汉画像砖中的宅院

(b) 汉四川雅安高颐墓石阙

(c) 秦阿房宫复原想象图

图 2-4 秦汉时期建筑

4）魏晋南北朝

佛教的传入使我国的石窟、佛塔、壁画等得到了巨大的发展，这一时期的建筑呈现出一种异域风格，如图 2-5 所示。

5）隋唐

唐代是中国封建社会盛期，建筑技术和艺术取得空前成就。建筑类型以都城、宫殿、佛教建筑、陵墓和园林为主，建筑恢宏大气，具有独创精神，是我国古代建筑发展成熟时期，如图 2-6 所示。

6）宋

北宋时期封建商品经济高速发展。这时期总结了隋唐以来的建筑成就，制定了设计模数和工料定额制度，建筑艺术日益程式化，更着意在对细部和装饰的追求，如图 2-7 所示。

云冈石窟位于山西省大同市西郊武周山北崖，石窟依山开凿，东西绵延 1000 米，现存主要洞窟 45 个，大小窟龛 252 个，石雕造像 51000 余躯，是我国规模最大的古代石窟群之一

河南登封嵩岳寺塔，建于北魏，是我国现存年代最早的密檐砖塔。塔平面 12 边形，高 40 米，15 层，底层转角用八角形倚柱，门楣及佛龛上已用圆拱券，但装饰仍有外来风格

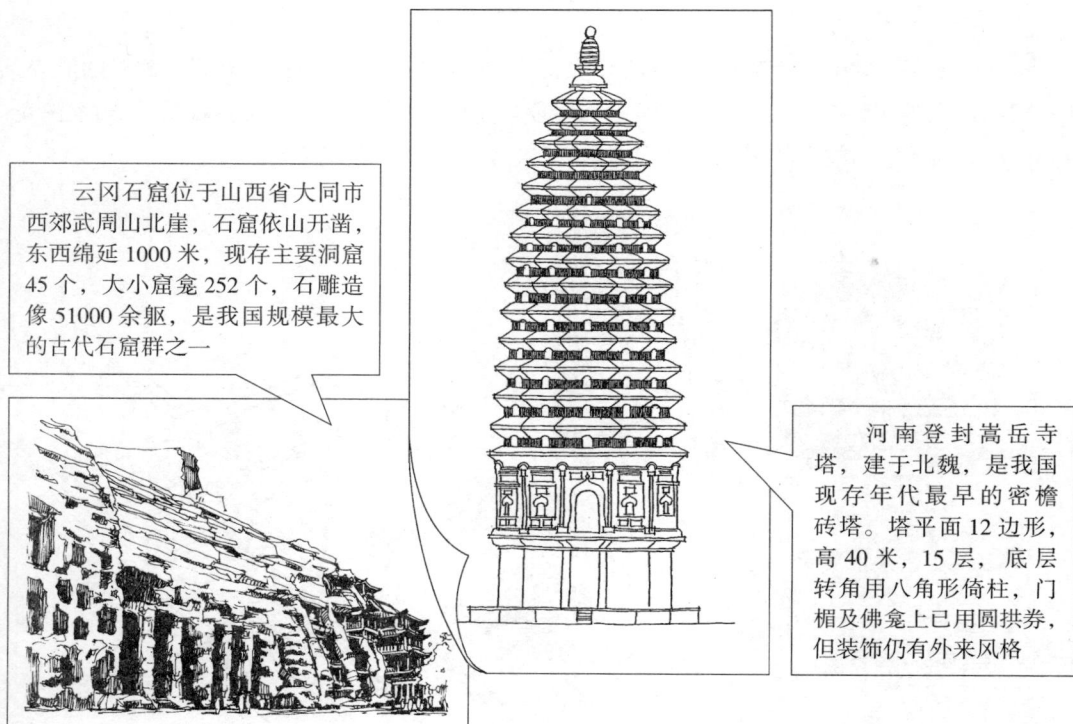

图 2-5 魏晋南北朝时期的建筑

河北赵县安济桥（公元 605-617 年），隋朝工匠李春所建，工程技术和建筑艺术水平都很高，迄今已有 1400 年还基本完好

山西五台山佛光寺大殿，是我国保存得最早、最完整的木构架房屋之一。它的造型端庄浑厚，反映出唐代木构架的形象特征

图 2-6 隋唐时期的建筑

该时期由李诚编著的《营造法式》是我国现存时代最早、内容最丰富的建筑学著作。

7）辽、金、元

这一时期的建筑技术和艺术受到唐末至五代时期建筑的影响，因此在建筑上保持了许多唐朝的风格。

山西太原晋祠圣母殿面阔7间，进深6间，重檐歇山顶。殿内无柱，斗栱用材较大，室内高大宽敞

图 2-7 宋晋祠圣母殿

山西应县佛宫寺释迦塔，辽代（1056年）建，为我国现存最早的木塔，高66.6米，历经900多年和几次大地震，仍屹立不倒，充分体现了我国古代建筑的技术水平

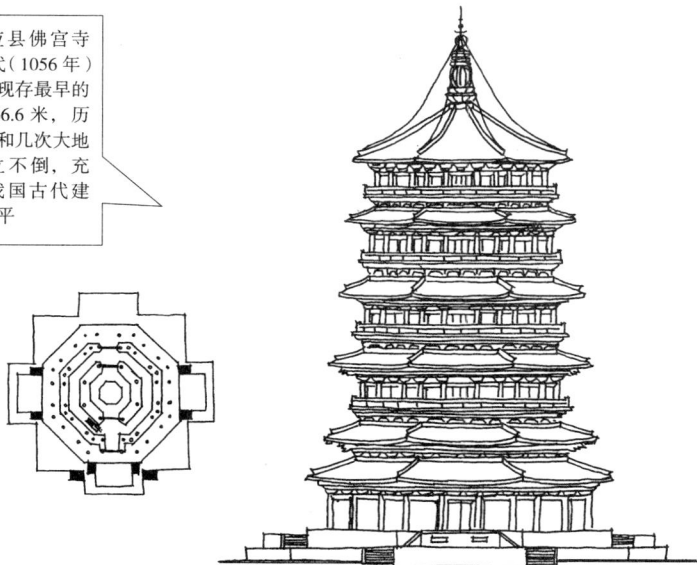

图 2-8 辽代佛宫寺释迦塔

8）明清

明清时期又一次形成了我国古代建筑的高潮，民间建筑和少数民族建筑成就显著，大大充实了传统建筑文化的内容。这一时期的建筑不少被很好地保存了下来，如图 2-9 所示。

天坛，建于明朝（1420 年），是中国古代明、清两朝历代皇帝祭天之地。这个建筑群占地 272 万平方米，有两重垣墙，形成内外坛，主要建筑有祈年殿、皇穹宇、圜丘

图 2-9 天坛祈年殿

近百年来，由于我国社会制度发生了根本的变化，封建制度解体，新的功能使用要求和新的建筑材料、技术促使传统建筑形式发生深刻的变化。但是古代建筑中的优秀设计原则，完美的建筑艺术形象，在今后的建筑发展中仍将得到继承和发扬，如图 2-10 所示。

重庆人民大会堂，采用了明清两代的建筑特色，华丽、庄严，有着凝聚力和威慑力。宽厚的体量和宽阔的台基，使整个建筑安定、踏实，体现出庄重的美

广州中山纪念堂，一座宏伟、壮丽的八角形宫殿式建筑。由前后左右四个重檐歇山建筑组成一个整体，烘托出中央巨大的八角形攒尖式屋顶，使该建筑具有浓厚的民族特色

图 2-10 中国近代建筑

2.1.2 建筑的地域性

我国是一个地域辽阔的多民族国家，从南到北，从东到西，地质、地貌、气候、水文条件变化很大，各民族的历史背景、文化传统、生活习惯各有不同，形成许多各具特色的建筑风格，如图 2-11~ 图 2-15 所示。

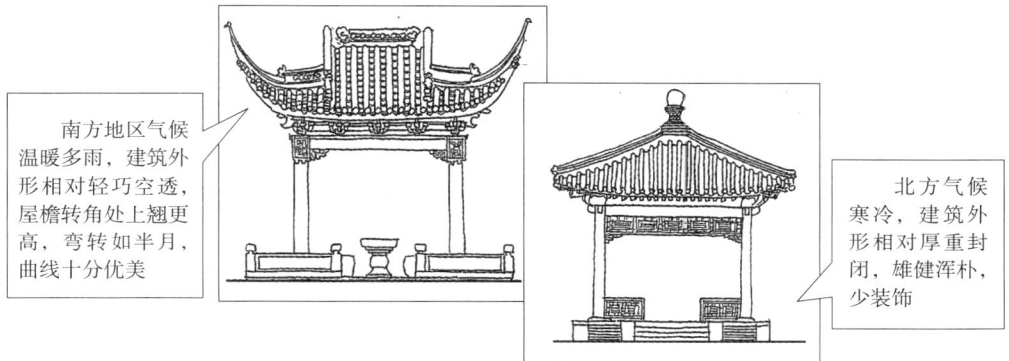

南方地区气候温暖多雨，建筑外形相对轻巧空透，屋檐转角处上翘更高，弯转如半月，曲线十分优美

北方气候寒冷，建筑外形相对厚重封闭，雄健浑朴，少装饰

图 2-11 中国南北建筑的特点

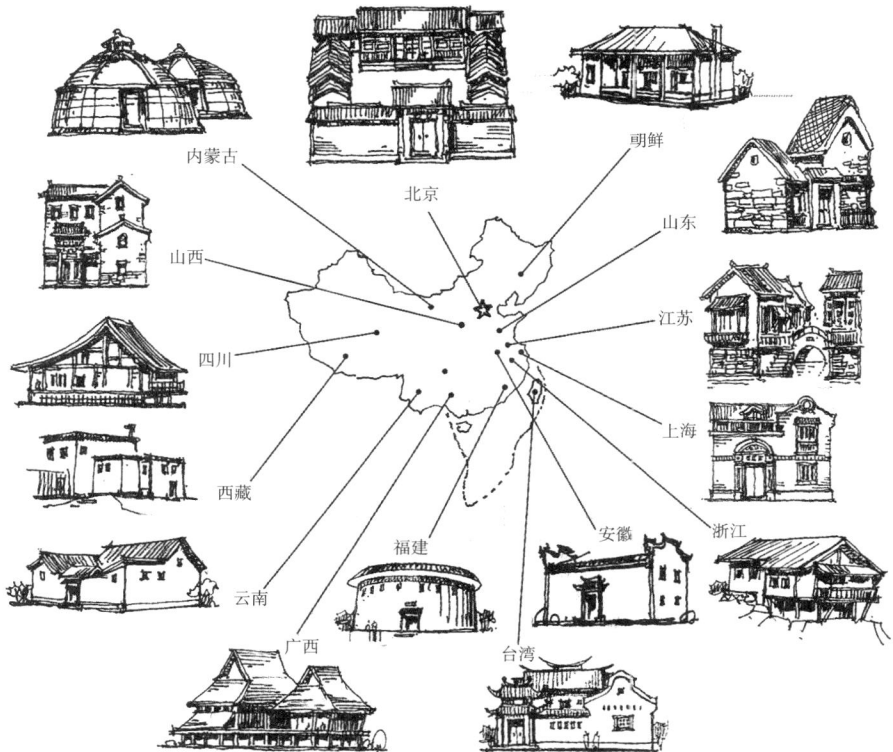

内蒙古　北京　朝鲜　山东　山西　江苏　四川　上海　西藏　安徽　浙江　福建　云南　广西　台湾

图 2-12 各民族各地区的住宅外形

北京四合院是封闭式的住宅，对外只有一个街门，关起门来自成天地，具有很强的私密性，非常适合独家居住。院内，四面房屋各自独立，并都向院落方向开门，彼此之间有游廊连接

云南"一颗印"是云南昆明地区普遍采用的一种住屋形式。它由正房、耳房（厢房）和入口门墙围合成正方如印的外观，俗称"一颗印"

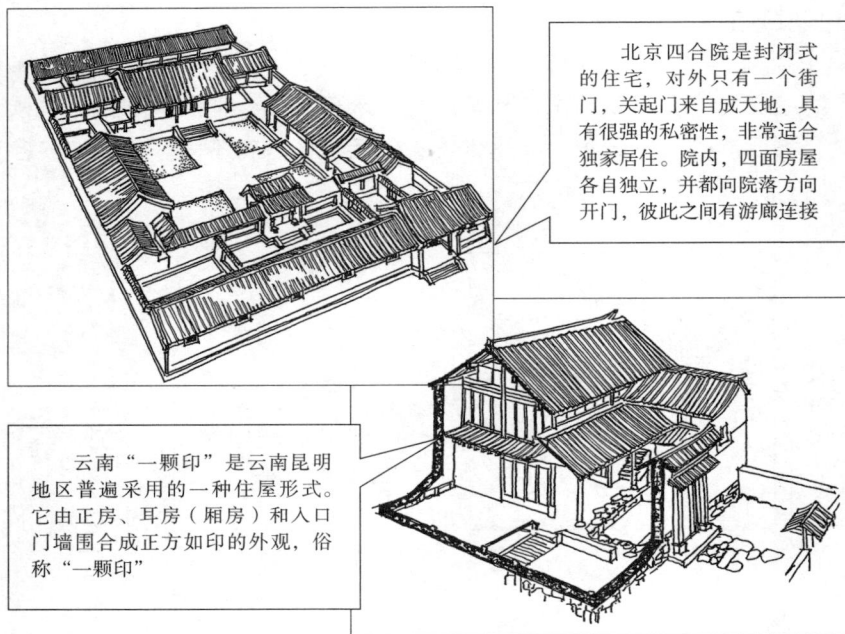

图 2-13 北京四合院及云南"一颗印"

傣族竹楼是一种干栏式住宅。由于气候炎热多雨，屋顶陡坡，底层架空，利用当地盛产的竹子建造房屋。房子多单幢，四周空地，各家自成院落

吊脚楼，是桂北、湘西、鄂西、黔东南地区的一种传统民居。吊脚楼多依山就势而建，依山的吊脚楼，在平地上用木柱撑起分上下两层，节约土地，造价较廉；上层通风、干燥、防潮，是居室；下层圈牲口或用来堆放杂物

图 2-14 云南"竹楼"及桂北"吊脚楼"

在福建南部地区，有一种用夯土墙作为承重结构，平面为方形、圆形、多边形等的合院式的土楼住屋。其特点是每栋体量都很大，能容纳百余户，高达三四层，底层为厨房，二层为谷仓，三、四层为卧房。整个土楼外部封闭而内部开敞

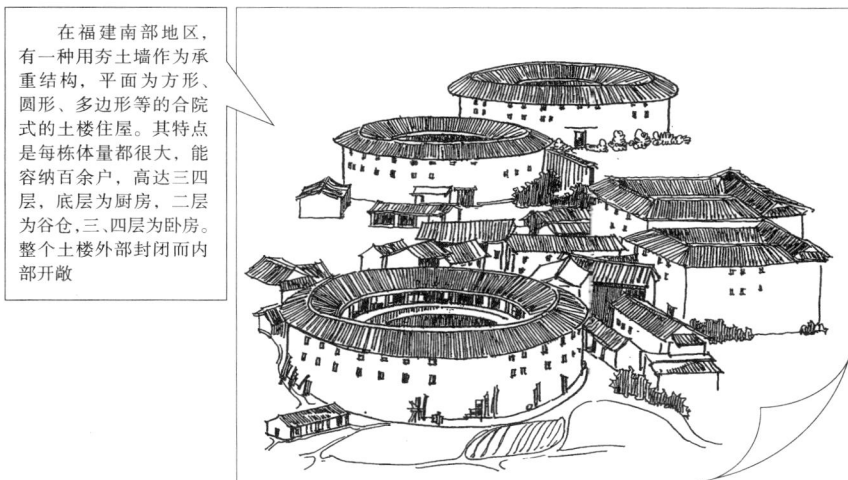

图 2-15　福建客家"土楼"

2.1.3　中国古代建筑特征

1）建筑外部形体特征

中国古建筑从外形上分为屋顶、屋身和台基三大部分，各部分有着自己显著的特征，且不同于其他国家和地区的建筑，这种独特的建筑外形，是由建筑的结构、功能以及艺术三者完美结合的产物，如图 2-16、图 2-17 所示。

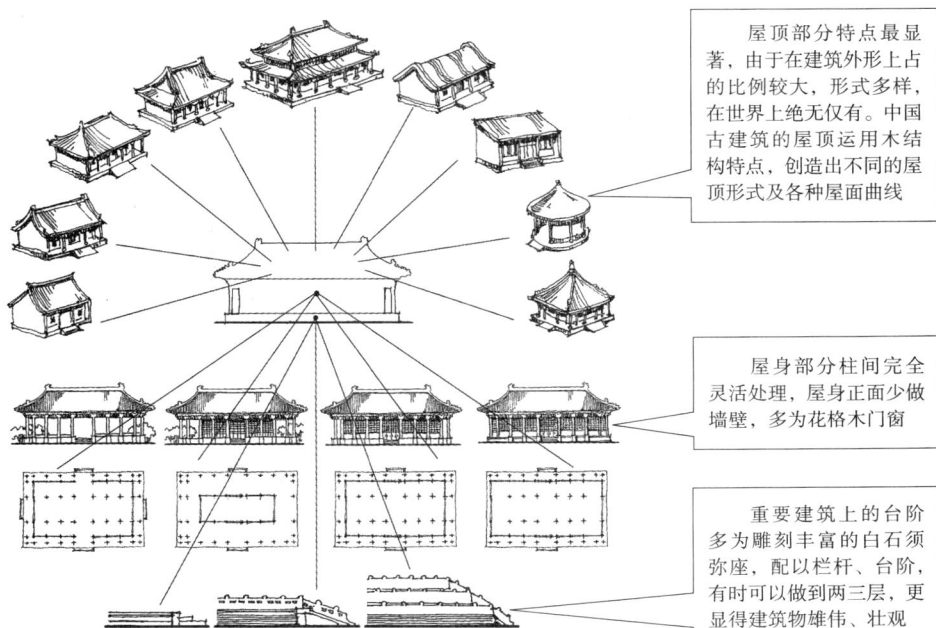

屋顶部分特点最显著，由于在建筑外形上占的比例较大，形式多样，在世界上绝无仅有。中国古建筑的屋顶运用木结构特点，创造出不同的屋顶形式及各种屋面曲线

屋身部分柱间完全灵活处理，屋身正面少做墙壁，多为花格木门窗

重要建筑上的台阶多为雕刻丰富的白石须弥座，配以栏杆、台阶，有时可以做到两三层，更显得建筑物雄伟、壮观

图 2-16　中国古代建筑屋顶、屋身和台基的外形

台基部分是我国古建筑不可缺少的部分，从建筑级别的从低到高分为普通台基、须弥座台基和三层须弥座台基三种

礓磜　御路　如意台阶

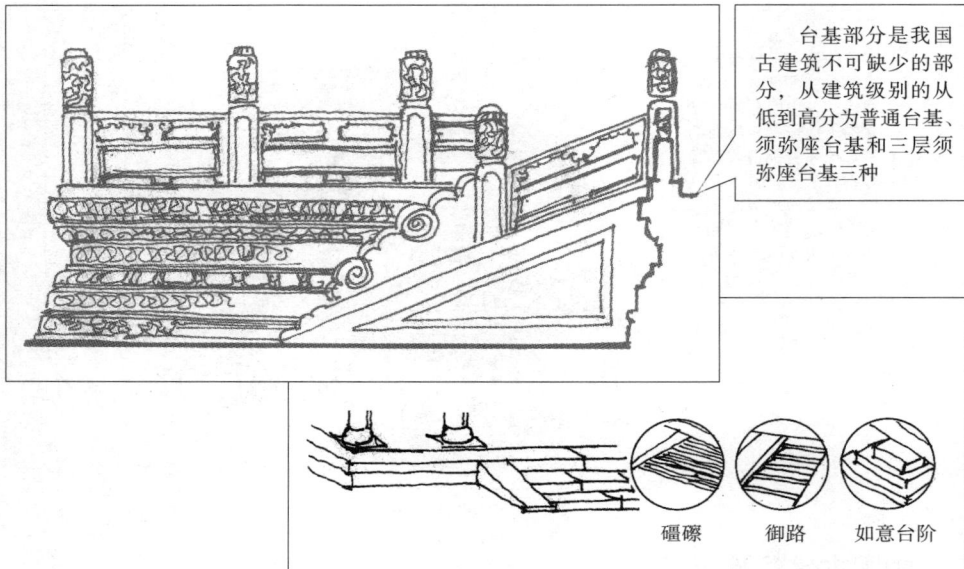

图 2-17　中国古代建筑台阶基座

2）中国古代建筑结构的特征

中国古代建筑主要都是采用木构架结构，木构架是屋顶和屋身部分的骨架，它的基本做法是以立柱和横梁组成构架，四根柱子组成一间，一栋房子由几个间组成，如图 2-18、图 2-19 所示。

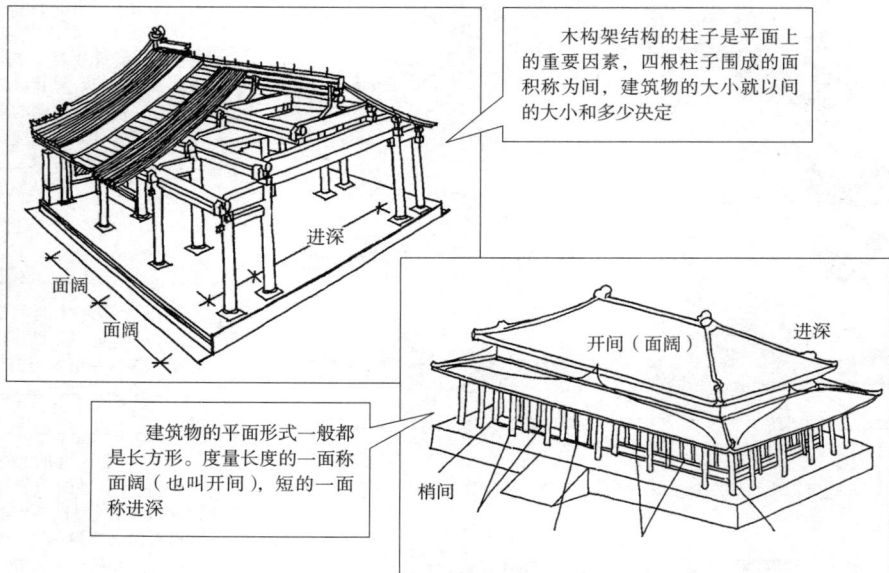

木构架结构的柱子是平面上的重要因素，四根柱子围成的面积称为间，建筑物的大小就以间的大小和多少决定

进深

面阔

面阔

建筑物的平面形式一般都是长方形。度量长度的一面称面阔（也叫开间），短的一面称进深

开间（面阔）

进深

梢间

图 2-18　中国古代建筑的面阔及进深

间架是木构架的基本构成单位。间架由下而上的主要构成部件分别为：柱、梁、枋、檩、椽、望板等

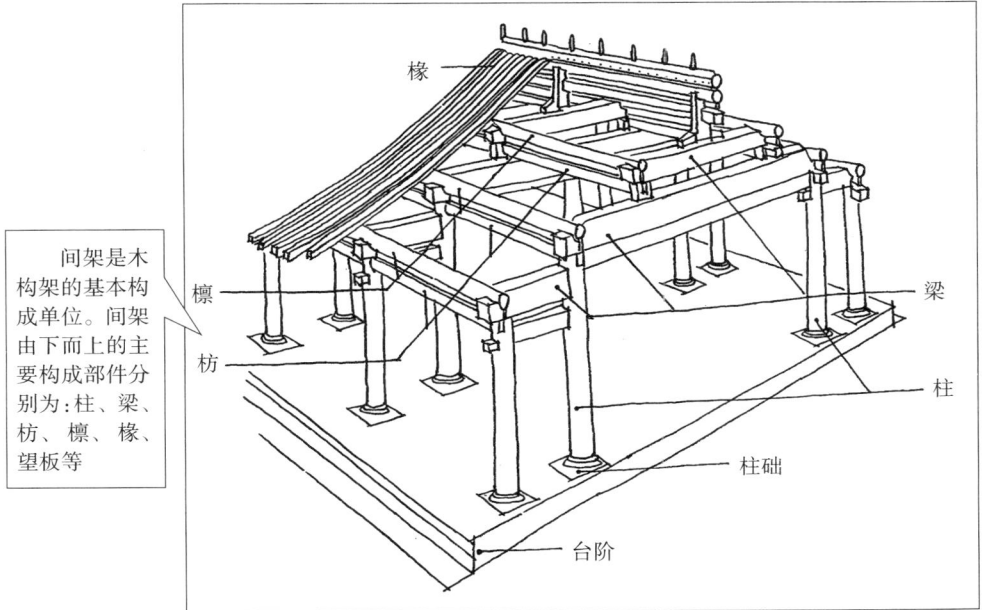

图 2-19 中国古代建筑的间架结构

斗栱是中国古代较大的建筑中柱子与屋顶之间的过渡部分，其功用是支撑上部挑出的屋檐，将其重量直接地或间接地传到柱子上，如图 2-20 所示。

一组完整的斗栱构件叫作一攒，一般斗栱是由五种主要的分构件组成，分别为：斗、昂、翘、升、栱。

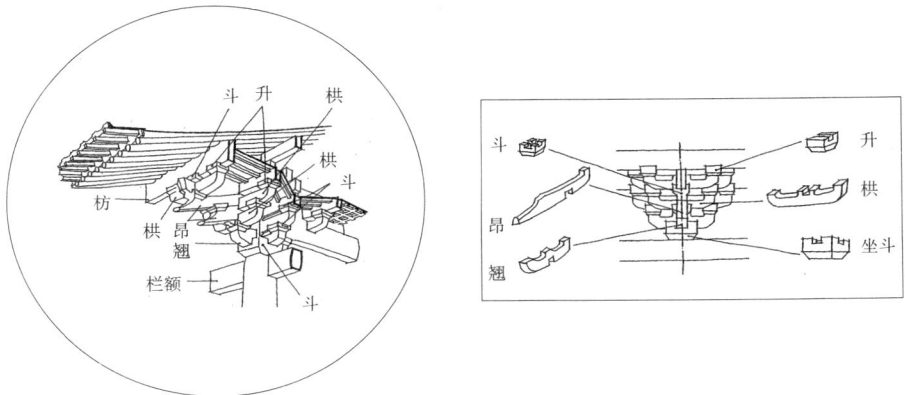

图 2-20 中国古代建筑的斗栱

2.2 西方古典建筑

古代希腊、罗马时期，产生了一种以石质的梁柱和拱券作为基本构件的建筑形式，特别是以规则严谨的柱式为主要特色的建筑形式，后来经历了漫长的历史时期，一直延续到 20 世纪初期，成为世界上一种具有历史传统的建筑体系，这就是通常所说的西方古典建筑。

2.2.1 建筑瑰宝

1）古希腊建筑（公元前 11—前 1 世纪）

古代希腊是欧洲文明的发源地，希腊的建筑艺术取得了重大的成就，希腊人建造了神庙、剧场、竞技场等各种建筑物，在许多城邦中出现了规模壮观的公共活动广场和造型优美的建筑群组，图 2-21 为雅典卫城复原图。

雅典卫城是希腊的宗教圣地，建造在雅典的一个小山丘上。她包括卫城山门、胜利神庙、伊瑞克提翁神庙（公元前 421—前 406 年）和帕提农神庙（公元前 447—前 431 年）

图 2-21 雅典卫城

2）古罗马建筑（公元前 8 世纪—公元 4 世纪）

古罗马取得了辉煌的建筑成就，建筑形式有浴场、神庙、斗兽场、剧院等，还有象征战争胜利的凯旋门和纪功柱。并发明了天然混凝土和拱券结构的建造技术。罗马建筑师维特鲁威编写的《建筑十书》，是古罗马时期以来对建筑学进行的最全面、系统论述的著作，如图 2-22 中所示分别为罗马万神庙（右上、右下）和角斗场（左下）

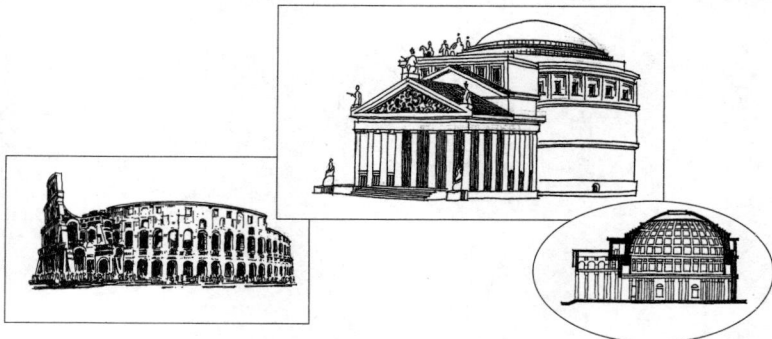

图 2-22 罗马时期的建筑

3）哥特式建筑（公元 9—15 世纪）

哥特建筑就是欧洲封建城市经济占主导地位时期的建筑，这时期的建筑以教堂为主，还有反映城市经济特点的城市广场、市政厅、商业工会等。如图2-23所示为巴黎圣母院西立面（右），及侧墙特有的"飞扶壁"构造（左）。

哥特建筑风格完全脱离了古罗马的影响，而以尖券、尖形肋骨拱顶、坡度很大的两坡屋面和教堂中的钟楼、飞扶壁、束柱花榍窗等为其特点

图 2-23 巴黎圣母院

4）文艺复兴时期的建筑（公元 15—17 世纪）

文艺复兴建筑风格在反封建、倡理性的人文主义思想指导下，提倡复兴古罗马的建筑风格，古典柱式再度成为建筑造型的构图主题；同时为了追求所谓合乎理性的稳定感，半圆形券、厚实墙、圆形穹隆、水平向的厚檐等元素被广泛地运用，如图2-24、图2-25所示。

图 2-24 佛罗伦萨主教堂穹顶及文艺复兴建筑立面构图

> 文艺复兴晚期的圆厅别墅，采用对称手法，平面呈正方形，四面都有门廊，正中为一圆形大厅。厅上冠以一碟形穹隆，外观高出四周屋顶

图 2-25 圆厅别墅

5）希腊复兴和罗马复兴时期的建筑（公元 18—19 世纪）

受到当时启蒙运动思想的影响，18 世纪欧美等国不仅在文化上，而且在建筑上先后兴起希腊复兴和罗马复兴的浪潮。罗马复兴，如美国国会大厦，如图 2-26（左下）所示；希腊复兴，如柏林宫廷剧院，如图 2-26（右上）所示。

图 2-26 古典复兴时期的建筑

2.2.2 古典柱式

柱式是西方古典建筑最根本的组成部分，也是西方古典建筑艺术造型的主要特点。希腊时期有三种柱式：多立克柱式（Doric Order）、爱奥尼柱式（Ionic Order）、科林斯柱式（Corinthian Order），如图 2-27 所示；罗马时期在此基础上又增加了两种柱式：塔斯干柱式（Tuscan Order）、混合柱式（Composite Order）。

柱式一般由檐部、柱子、基础三部分组成，有时无基座。檐部、柱子、基础各自又由细部组成，大多由构造或结构的要求发展演变而来。檐口、檐壁、柱等重点部位常有各种雕刻装饰，柱式各部分之间交接处也常有各种线脚。

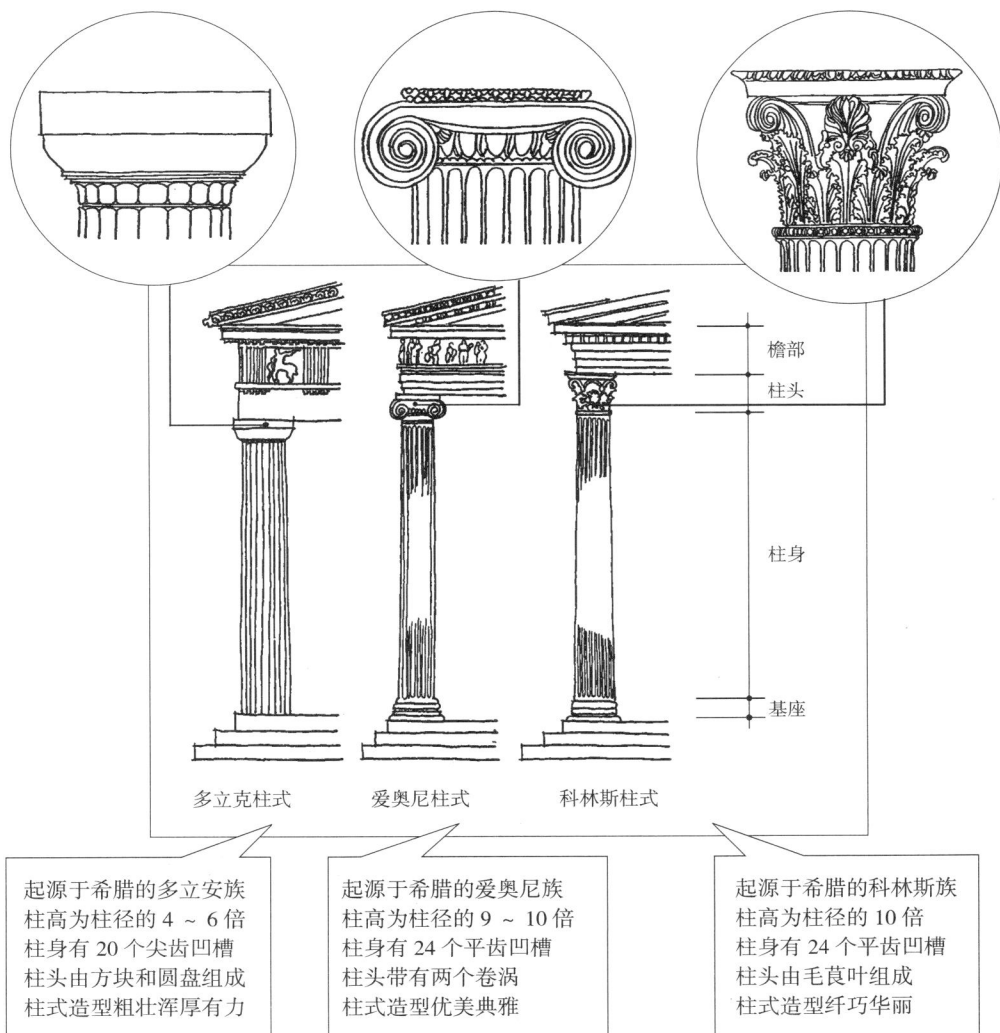

多立克柱式　爱奥尼柱式　科林斯柱式

檐部
柱头
柱身
基座

起源于希腊的多立安族
柱高为柱径的 4 ～ 6 倍
柱身有 20 个尖齿凹槽
柱头由方块和圆盘组成
柱式造型粗壮浑厚有力

起源于希腊的爱奥尼族
柱高为柱径的 9 ～ 10 倍
柱身有 24 个平齿凹槽
柱头带有两个卷涡
柱式造型优美典雅

起源于希腊的科林斯族
柱高为柱径的 10 倍
柱身有 24 个平齿凹槽
柱头由毛茛叶组成
柱式造型纤巧华丽

图 2-27 古希腊三柱式

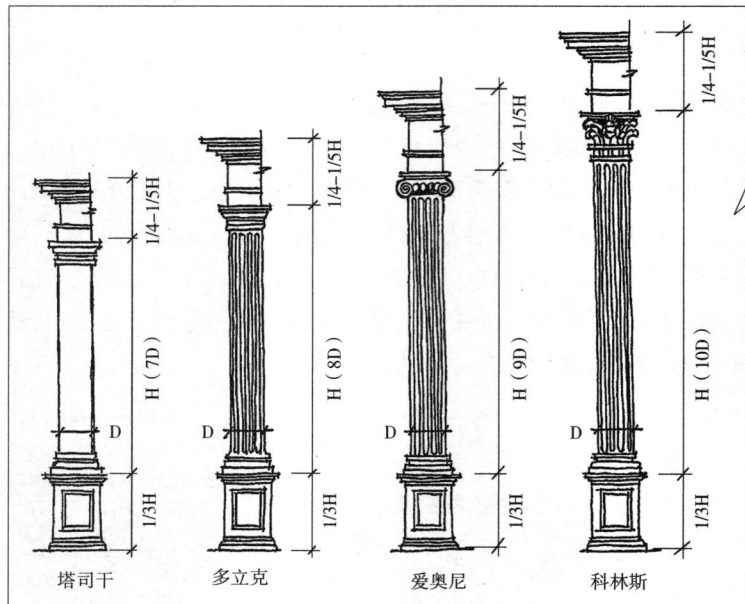

柱式之间从大到小都有一定的比例关系。由于建筑物的大小不同，柱式的绝对尺寸也不同，为了保持各部分之间的相对比例关系，一般采用柱下部的半径作为量度单位，称作"模数"（Module）

塔司干　　多立克　　爱奥尼　　科林斯

图 2-28 柱式的度量单位"模数"

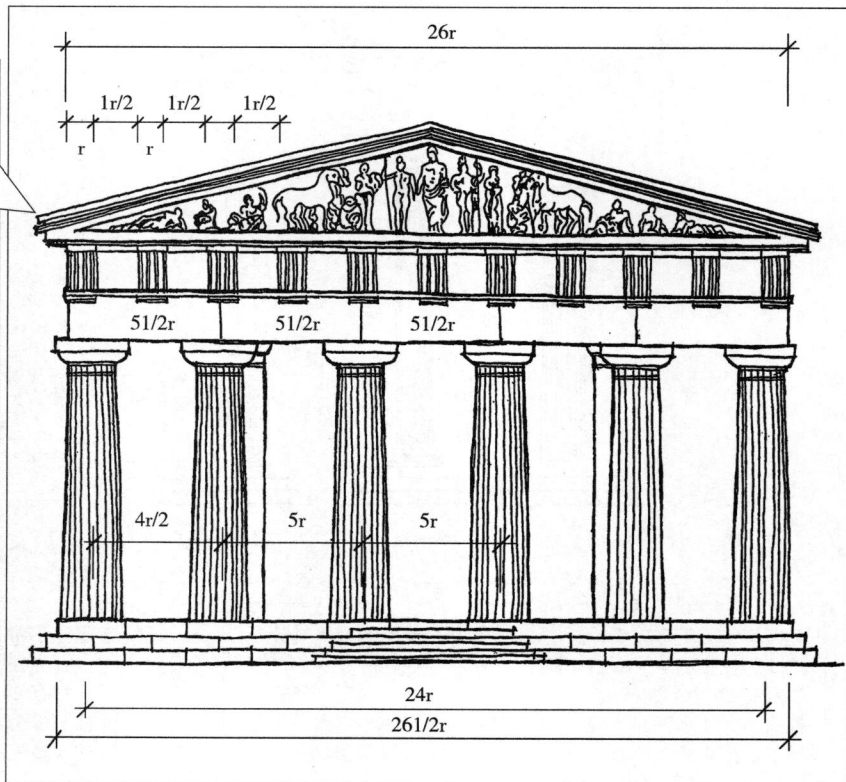

"比例是在一切建筑中取得均衡的方法，这方法是：从细部到整体都服从于一定的基本度量单位，即与身材漂亮的人体相似的正确的肢体配称比例。既然大自然按照比例使肢体与整个外形配称来构成人体，那么，古人们似乎就有根据来规定建筑的各个局部对于整体外貌应当保持的正确的以数量规定的关系。"
——《建筑十书》
维特鲁威

图 2-29 古典建筑中的比例

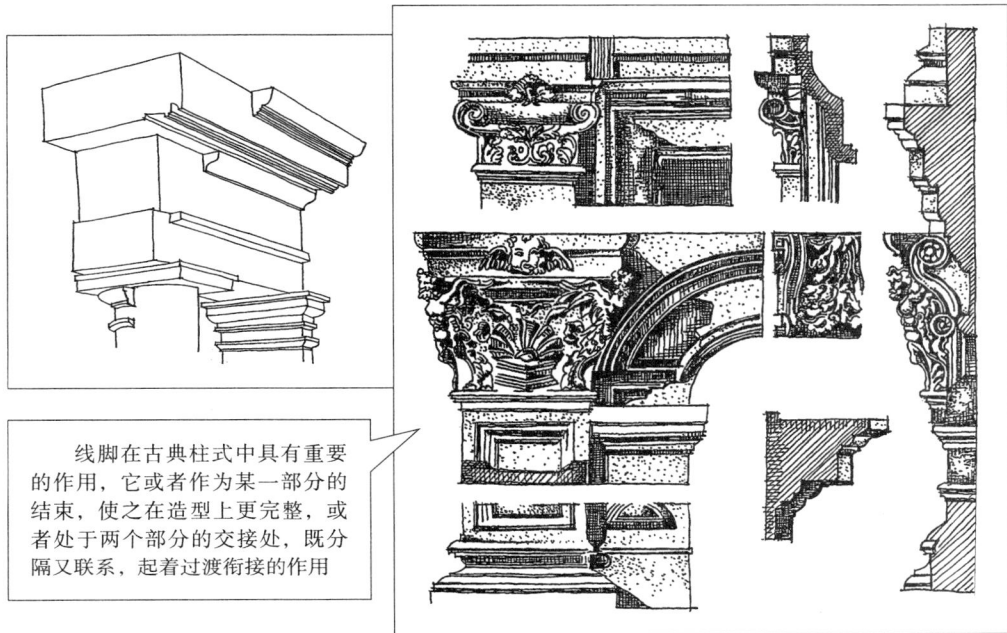

线脚在古典柱式中具有重要的作用，它或者作为某一部分的结束，使之在造型上更完整，或者处于两个部分的交接处，既分隔又联系，起着过渡衔接的作用

图 2-30 古典建筑的线脚

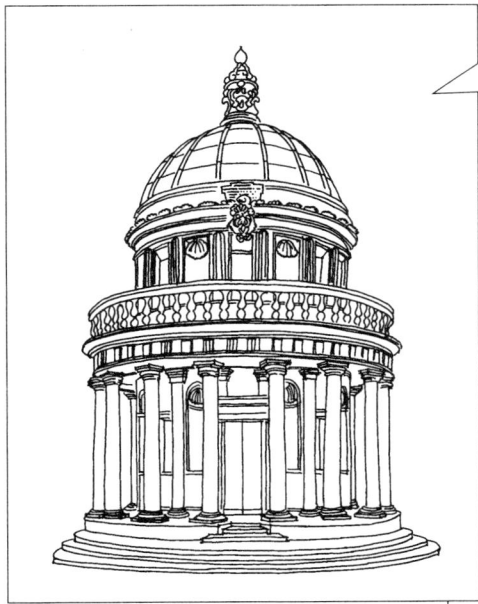

列柱：由一排柱子共同支撑着建筑檐部，依靠柱子的重复排列而产生一种韵律感。采用不同的柱式和不同的开间比例，使建筑表现出不同的艺术效果。它可以在建筑的一个面形成柱廊，也可以形成矩形或圆形的围廊，如坦比哀多中的圆形列柱围廊

壁柱与倚柱子：壁柱虽然保持着柱子的形式，但它实际是墙的一部分，不独立承受重量，主要起装饰和划分墙面的作用。倚柱的柱子是完整的，和墙面离得很近，主要也起装饰作用，如罗马耶稣堂立面中的柱子

图 2-31 古典建筑中的列柱、壁柱与倚柱

券柱式：古罗马时期为了解决柱式和拱券结构的矛盾，产生了被称为券柱式的组合。即在曲线形的券洞两侧贴柱子，产生方与圆的对比，券柱式中的柱子已经没有结构作用，一般采用壁柱或独立于墙外的倚柱

券心石
硕面
拱顶垫石

H/4
H
1.5D

D/2 D D/2 D D/4
1.5D   1.5D   1.5D

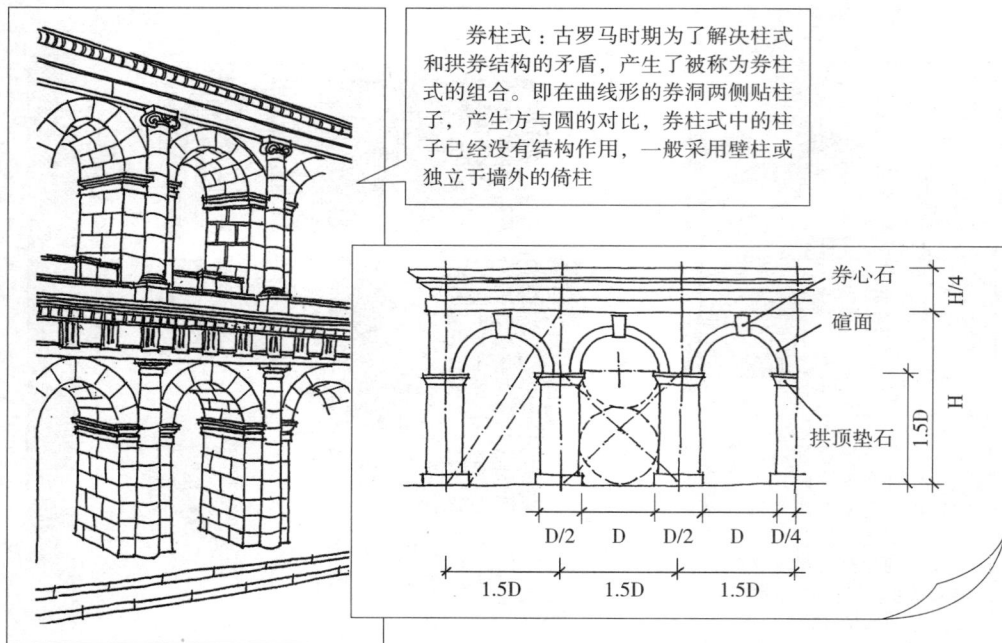

图 2-32 券柱式构图

帕拉第奥母题：文艺复兴时期意大利建筑师帕拉第奥把两个大柱子之间的方形开间里，又增加了两对小柱子，由它们承托券面，这样每个开间就被分割为三个部分——左右两个瘦长的小洞口和中间带有发券的大洞口，从而造成柱子有粗细高矮、洞口有大小曲直的丰富变化。人们把这种处理手法称为"帕拉第奥"母题

巨柱：指两层以上的建筑在立面上柱子贯通整个高度，如罗马万神庙的入口采用巨柱式，整个建筑显得高大雄伟

图 2-33 帕拉第奥母题与巨柱式构图

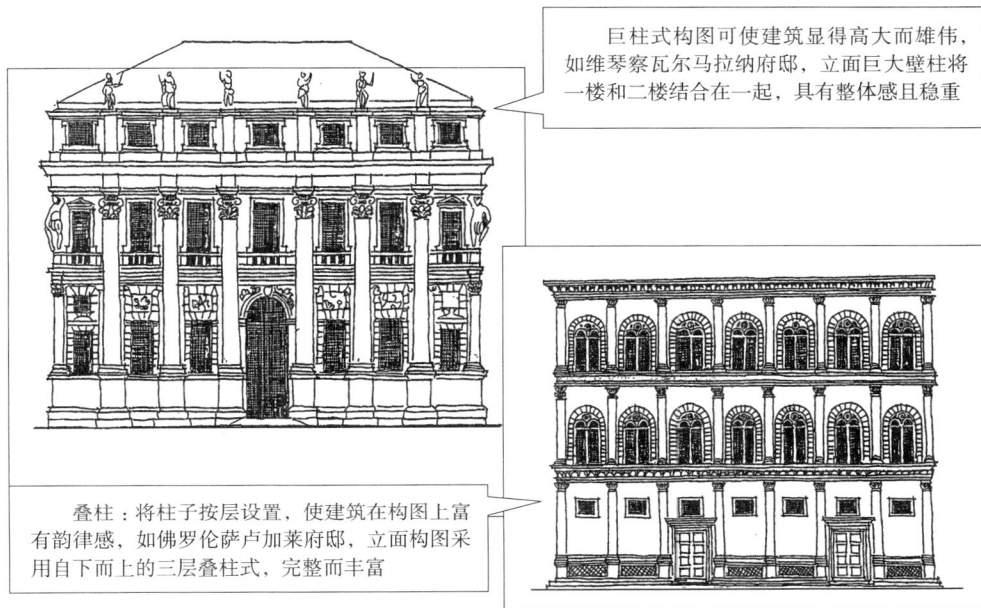

巨柱式构图可使建筑显得高大而雄伟，如维琴察瓦尔马拉纳府邸，立面巨大壁柱将一楼和二楼结合在一起，具有整体感且稳重

叠柱：将柱子按层设置，使建筑在构图上富有韵律感，如佛罗伦萨卢加莱府邸，立面构图采用自下而上的三层叠柱式，完整而丰富

图 2-34 巨柱式与叠柱式构图

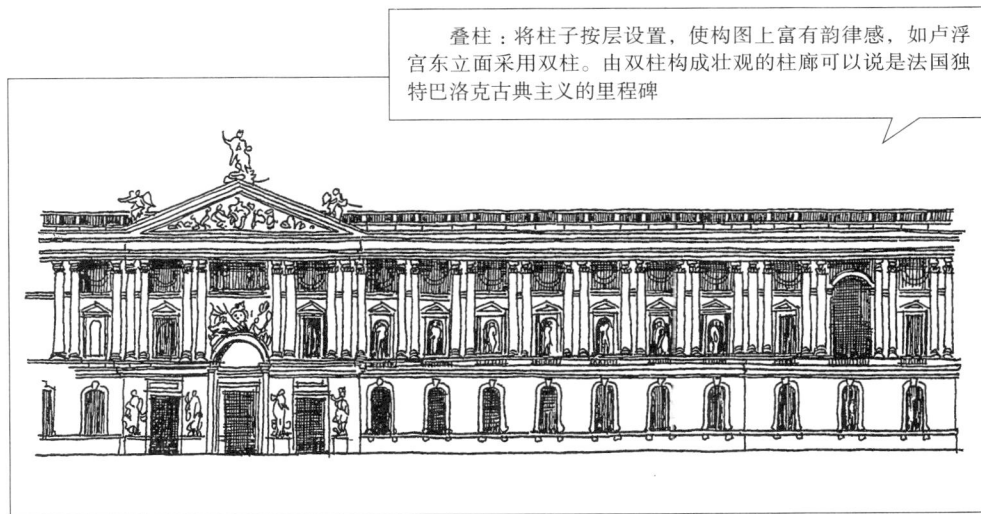

叠柱：将柱子按层设置，使构图上富有韵律感，如卢浮宫东立面采用双柱。由双柱构成壮观的柱廊可以说是法国独特巴洛克古典主义的里程碑

图 2-35 双柱

2.3　西方现代建筑

　　20世纪20至30年代，"现代主义"建筑思潮与流派首先在西欧形成，进而向世界其他地区扩展。这种思潮批判因循守旧的复古主义思想，主张创造表现新时代的新建筑，并成为第二次世界大战前夕世界建筑中占主导地位的建筑潮流，使西方建筑进入了发展的新时期。

2.3.1 格罗皮乌斯（Walter Gropius，1883-1969 年，德国）

　　"新建筑运动"的奠基人和领导人之一。他曾任工艺美术学校"包豪斯"的校长。法古斯工厂是第一次世界大战前最先进的近代建筑，而他最有代表性的作品包豪斯校舍以注重功能而著称，采用自由、灵活的布局，充分发挥现代材料、现代结构的特点来取得建筑的艺术效果，是现代建筑史上的一个重要里程碑。

> "包豪斯"工艺美术学校（德国）：破除学院派的对称法则，以不规则的构图手法，按功能要求对建筑加以组合，并在满足功能使用的基础上，利用材料结构来表现新颖完美的外形

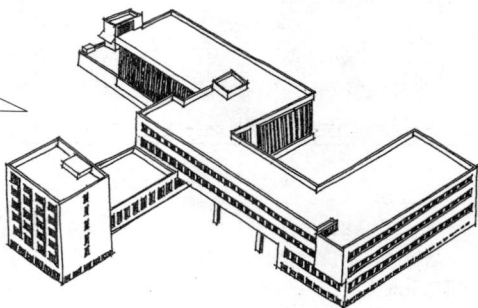

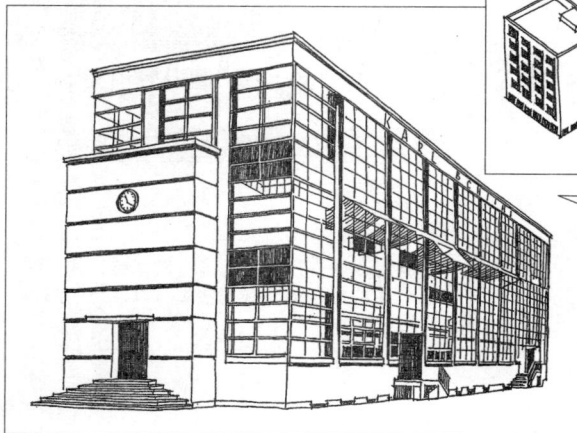

> 法古斯工厂（德国），1911 年设计。建筑采用平屋顶，无挑檐，墙面大部分为玻璃与铁板做的幕墙，转角处不设柱子，建筑形象比较轻巧，在 20 世纪的建筑史上具有开创意义

图 2-36 格罗皮乌斯代表作

2.3.2 勒·柯布西耶（Le Corbusier，1887-1965 年，法国）

　　法国激进的改革派建筑师的代表，也是 20 世纪最重要的建筑师之一。他的许多主张首先表现在他从事最多的住宅建筑之中，认为"住房是居住的机器"，萨伏伊别墅是其最著名的代表作，该建筑选用框架结构，在其中很典型地反映了他对新建筑所归纳的五点（图2-37）。

> 萨伏伊别墅体现的"新建筑五点"：底层架空、屋顶花园、自由平面、自由立面、横向长窗。朗香教堂（图 2-37 右上）

图 2-37 勒·柯布西耶代表作

2.3.3　密斯·凡·德·罗（Mies Van der Rohe，1886–1970 年，德国）

现代主义建筑最重要的代表人物之一。他投身于第一次世界大战后德国大规模建设低造价住宅的实践，并于 1927 年规划、主持了德意志制造联盟在斯图加特的魏森霍夫（Weissenhof）举办的新型住宅展览会。在建筑艺术处理上他提出"少就是多"的原则，主张技术与艺术相统一，利用新材料、新技术作为主要表现手段，提倡精确、完美的建筑艺术效果。

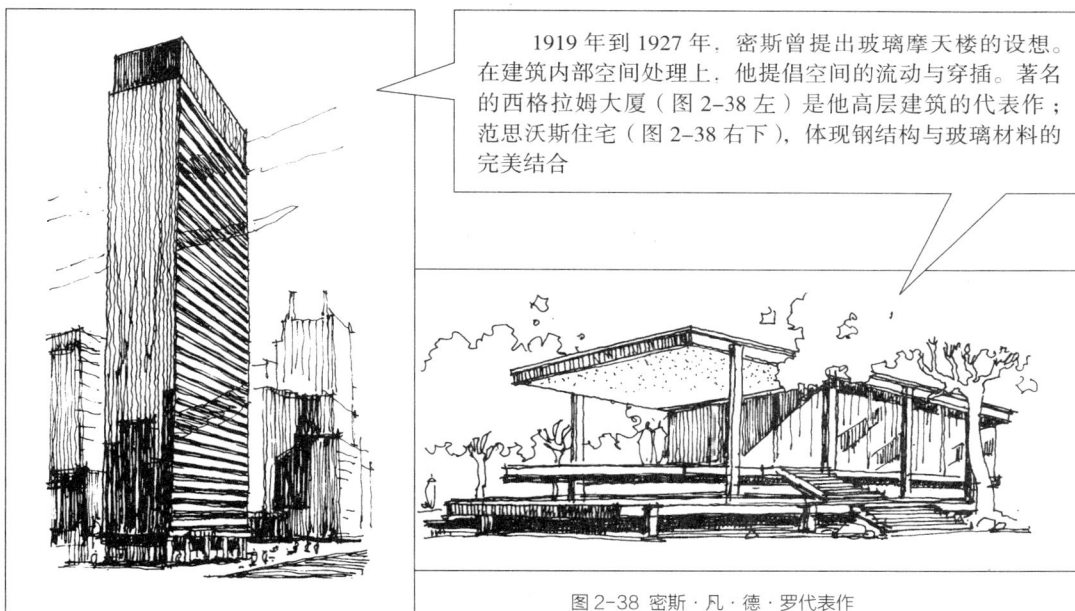

1919 年到 1927 年，密斯曾提出玻璃摩天楼的设想。在建筑内部空间处理上，他提倡空间的流动与穿插。著名的西格拉姆大厦（图 2–38 左）是他高层建筑的代表作；范思沃斯住宅（图 2–38 右下），体现钢结构与玻璃材料的完美结合

图 2-38 密斯·凡·德·罗代表作

2.3.4　赖特（Frank Lloyd Wright，1867–1959 年，美国）

20 世纪美国最著名的建筑家，在世界上享有盛誉。他一生的创作特点是不断地创新，对现代建筑影响很大，然而又有着不同于欧洲现代主义建筑师的独到之处。赖特以提倡"有机建筑论"而闻名于世，强调建筑应与自然相结合，即从属于环境的"自然的建筑"。

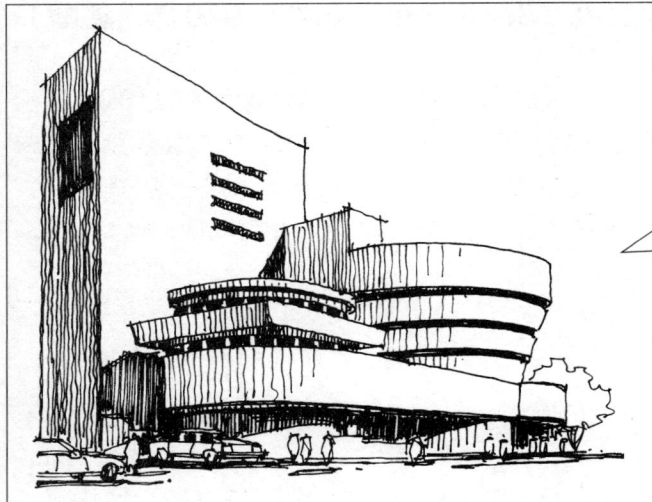

古根汉姆博物馆，建筑外部完全封闭。赖特以他独特的艺术构思设计了这座螺旋形的建筑。它像一朵神奇的大蘑菇从这条街的建筑森林中冒出地面。整个博物馆的主体建筑是四层的办公楼和六层的陈列大厅，其中以圆形陈列大厅最为重要。图 2-39 中的矩形体块建筑为后期扩建

图 2-39 古根汉姆博物馆

流水别墅：利用地形而悬伸于山林中的瀑布之上，以其体形和材料而与自然环境互相渗透，彼此交融，被认为是 20 世纪建筑艺术中的精品之一（图 2-40 右上）。"草原式住宅"：坐落在郊外，用地宽阔，环境优美，材料是传统的砖、木、石头，有出檐很大的坡屋顶，平面布局灵活，与大自然融为一体（图 2-40 左下）

图 2-40 赖特代表作

第3章 Structure and Function of Buildings
房屋建筑的构造组成与作用

　　通常我们所见到的大量代表性建筑如：住宅、学校、办公楼、商业综合体等等，这些建筑虽然造型上都有着各种差异和个性，但在构造组成和设备配置上还是相差不多，有着共同的特点。

3.1　房屋建筑的构造组成

　　我们日常所见到的一些建筑，通常都由基础、墙体（或柱）、楼板与楼地面、楼梯、门与窗，以及屋顶等六大部分的构件组成，如图 3-1 所示。

　　在这六大部分构件的范围内，还会存在一些不同部位的小构件，这些大小构件之间的关系，就像一台机器，若要正常运转，不同部位以及不同大小的零件，都必须发挥出自身的作用，一个也不能少。初步了解并认识这些构件，对一名建筑学初学者来讲是非常必要的，这会为后续课程的学习奠定良好的基础。

3.2　不同构件的组成与作用

1）基础

　　·基础属建筑物下部的承重构件，它由基础墙（梁）、基础、基础垫层和基层组成。对于不同的建筑荷载与不同的地基，将设计出不同的砖基础、钢筋混凝土基础、桩基础、箱形基础等，从而满足上下平衡的要求（图 3-2）。

　　·作用：承受建筑物上部的总荷载，并传递给地基，起着上下平衡的作用。

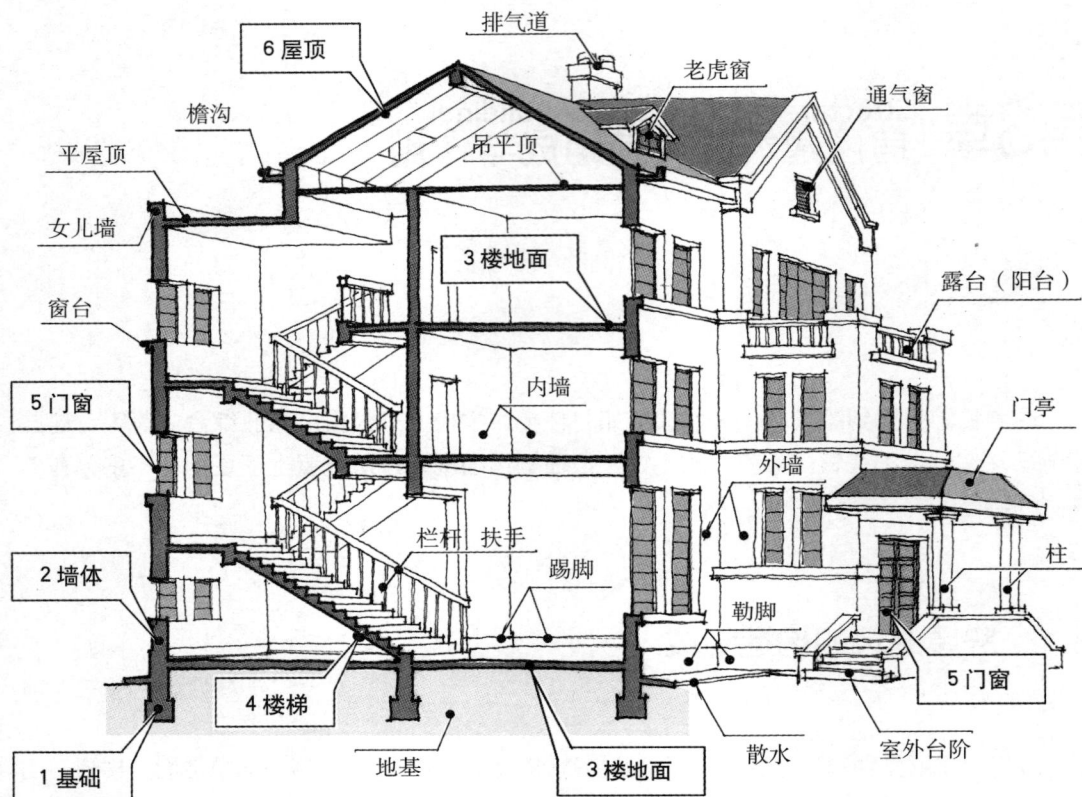

图 3-1 房间构造的组成

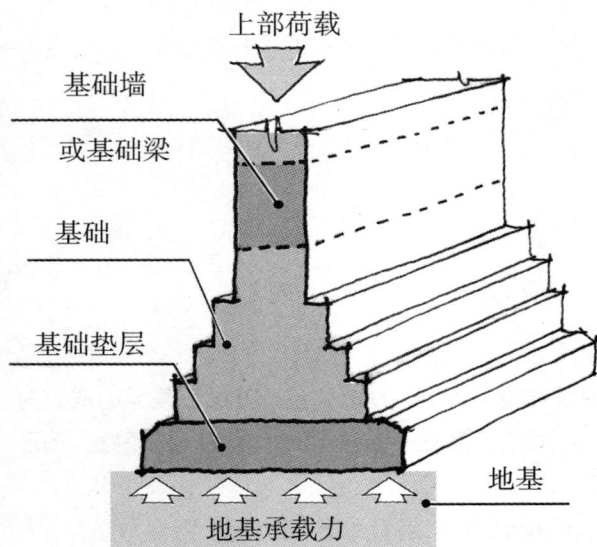

图 3-2 基础的组成

2）墙体

·墙体（或柱），属建筑物承重或自承重构件，以及建筑物的围护构件（图 3-3）。

·作用：起着承重并传递上部荷载和分隔建筑内部空间以及建筑内外的围护作用。

·在墙体的不同部位，又存在着不同的小构件，分别有：

a. 防潮层——位于基础墙部位，起着切断基础传来的潮湿的作用，保护上部墙体不受潮。

b. 勒脚——位于底层外墙处，起着防止墙脚不受潮，和防止外力撞击墙脚导致破坏的作用。

c. 散水——位于墙与室外地坪交接处,起着保护基础墙和基础的作用。

d. 踢脚——位于各墙体与楼地面的交接处,起着保护室内各层墙脚的作用。

e. 窗台——位于窗口下部,及时排除窗台面积水,保护墙体。

f. 窗梁或圈梁——位于窗口上部,承受窗间上部荷载,保护门或窗的稳定性,圈梁还能加强建筑的整体性。

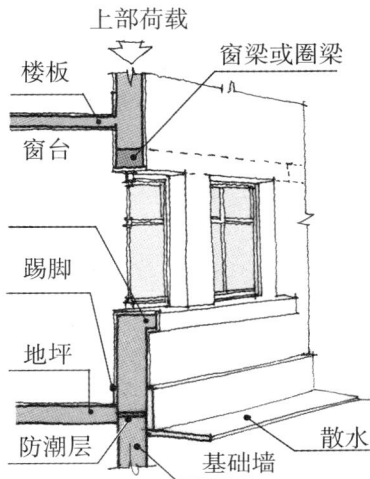

图 3-3 墙体的组成

3）楼板与地坪

·楼板与地坪均属于建筑物内部水平方向的承重构件和水平支撑构件(图 3-4)。

·作用:承载建筑内部荷载并传递给梁和柱(或地基),同时也起着建筑物的水平支撑作用和根据功能要求进行上下分层的作用。

4）楼梯

垂直交通的构件。

·作用:起着上下交通联系和紧急疏散的作用,在不少公共建筑中楼梯也起着重要的装饰作用(图 3-5)。

·在楼梯的大构件中分别存在着不同的小构件,如:

a. 梯段——位于楼梯中段,用作踏步。

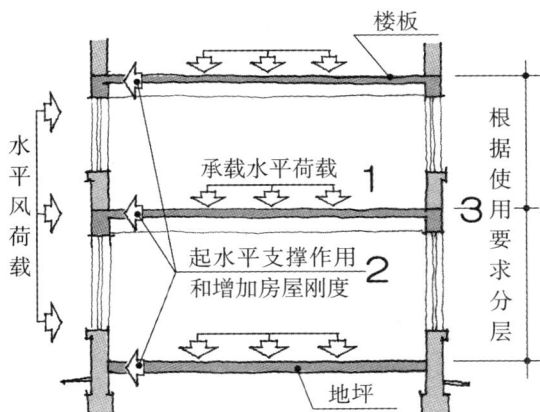

图 3-4 楼地面的作用

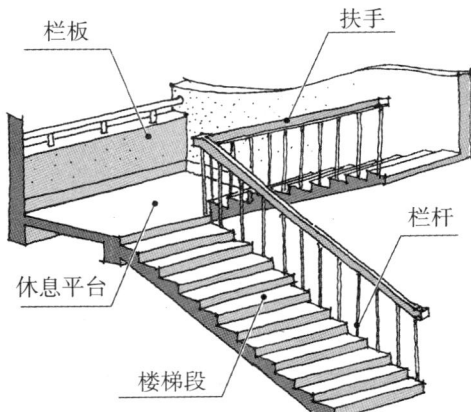

图 3-5 楼梯的组成

b. 楼梯平台——位于梯段两端起着转向与休息之用。

c. 栏杆与扶手——位于平台与梯段的上方起着安全围护与攀扶的作用。

不同的楼梯形式有着不同的装饰效果。

5）门与窗

·门与窗属于建筑内外墙中的围护和采光构件（图3-6）。

·作用：起着建筑物的围护与采光作用，门还起着交通过渡作用与疏散作用。

·门与窗的形式和类型很多，根据不同建筑的使用功能与造型要求，选择

图3-6 门与窗

不同类型与形式的门与窗，以符合使用的要求。同时，它给建筑造型也带来了不同的元素和效果。特别是外墙中的开窗形式，将直接影响到建筑外观效果，见图3-7。

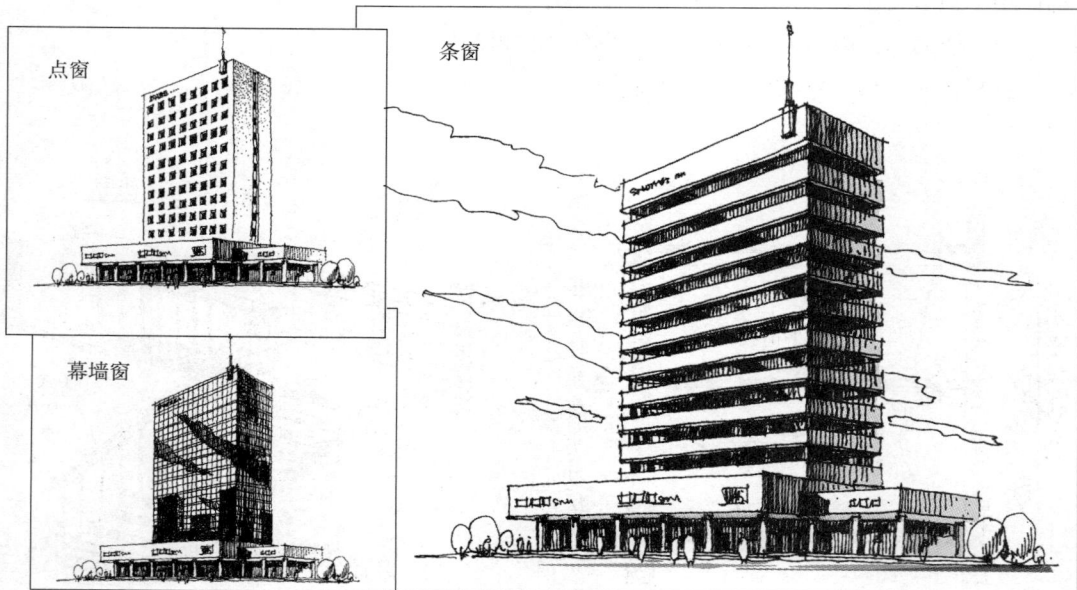

图3-7 因开窗形式不同带来不同的外观效果

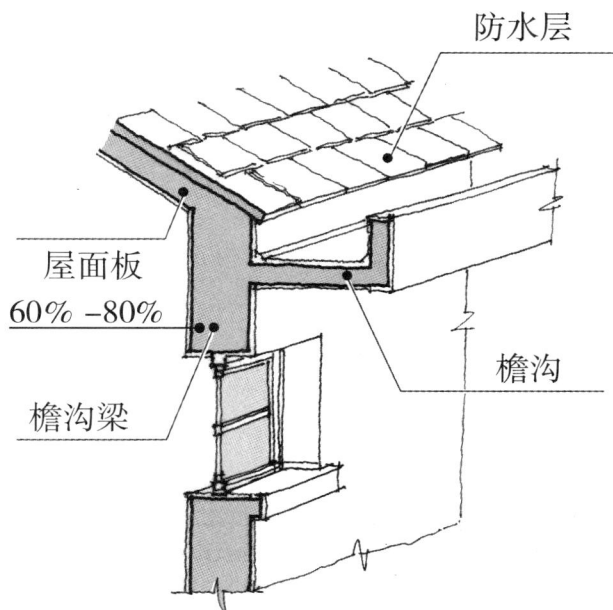

图 3-8 屋顶的组成

6）屋顶

·屋顶属建筑物顶部的围护构件和承重构件，它由屋面板、檐沟和檐沟梁所组成（图 3-8）。

·作用：起着建筑物顶部的围护作用，抵抗风、雨、雪、太阳等自然界的侵袭，同时，也起着承受风、雨、雪等荷载以及必要的施工与人体的荷载。

此外，屋顶对建筑物的造型也起着非常重要的作用。不同的屋顶形式均有不同的造型效果。

同为椭圆形体育馆，其屋顶形式不同，带来的造型效果也不一样。

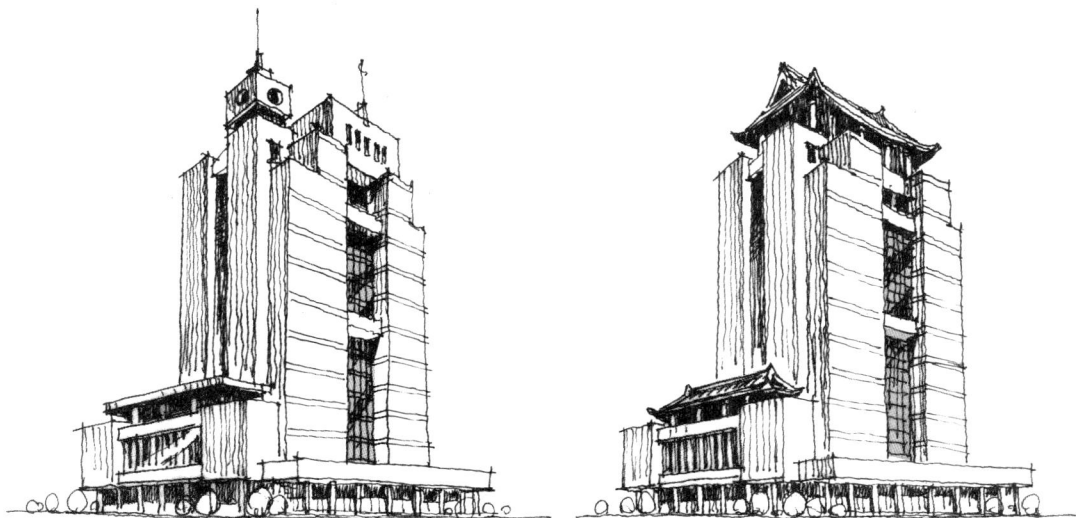

图 3-9 同一建筑不同屋顶的不同效果

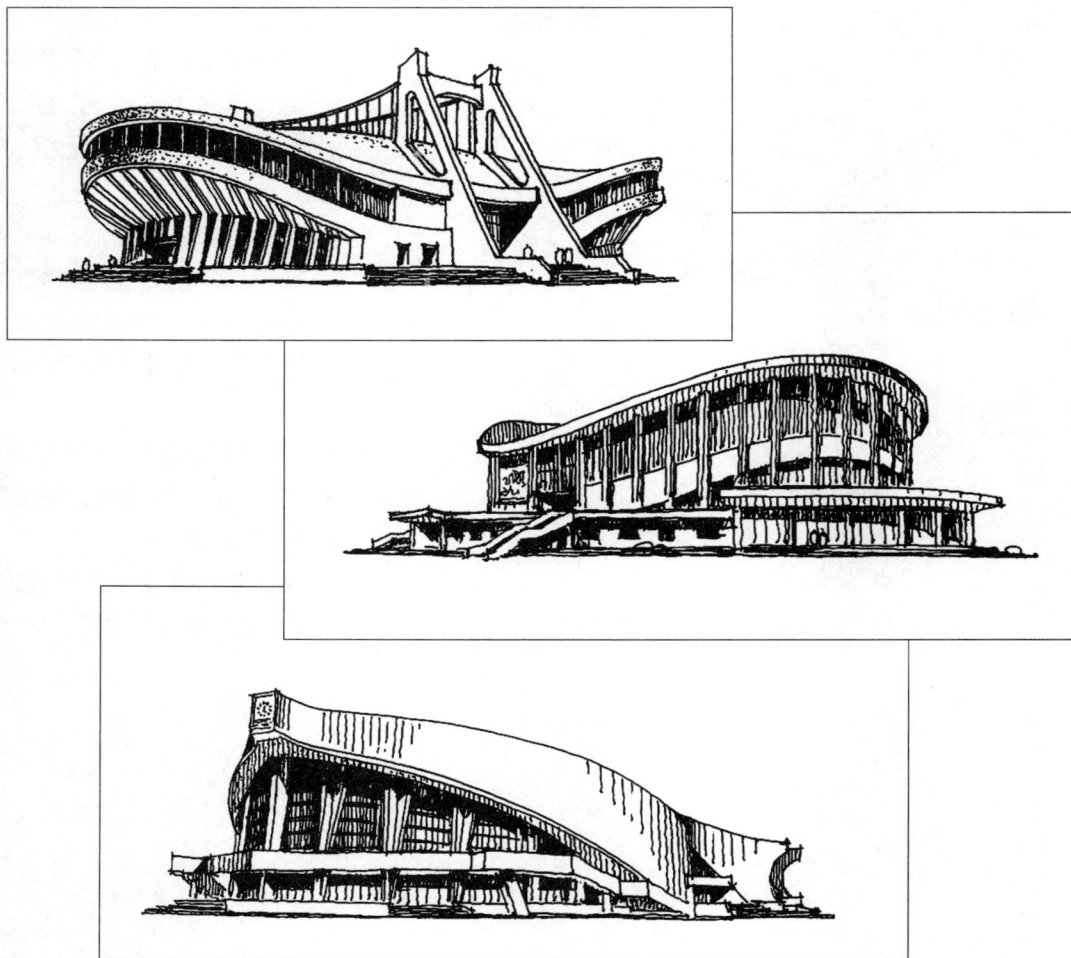

图 3-10 不同屋顶形式的体育馆

第4章 **Elementary Architectural Expression**
建筑表现初步

我们所设计的建筑物，根据不同的设计进程和阶段，都会有不同的表现。这种表现绝大多数都是图纸的二维表现，如建筑平、立、剖面图，建筑效果图等，以及对实例建筑进行测绘的资料性表达。根据需要也有三维的立体表现，如建筑模型。

本章节主要介绍有关不同表现的初步知识和技法。随着后续课程的进入，不同的表现技法也会有不同程度的深化。

4.1 房屋工程图的图示原理和建筑线条图的表示

4.1.1 房屋工程图的图示原理

房屋工程图是建筑工程界的语言，不同的工种如：建筑、结构、水、电等，都会有相应专业不同的图纸，所有这些图纸其图示原理都是相同的。绝大多数的工程图都是采用正投影的原理，将建筑体按不同的方向和要求绘制出不同的视图图纸，即专业图纸。

如图 4-1 所示，某一建筑按正投影原理所绘制出不同方向的建筑图。

4.1.2 建筑工具线条图表现的工具和线型控制

建筑线条图的表现可分为工具线条图和徒手线条图。在本小节内主要介绍工具线条图中常用工具的使用和各种线型的控制。

1）工具及使用要点

常用的绘图工具及用品如下图所示：

部分工具的使用要点

从上往下投影

V

W

由前向后投影

从右向左投影

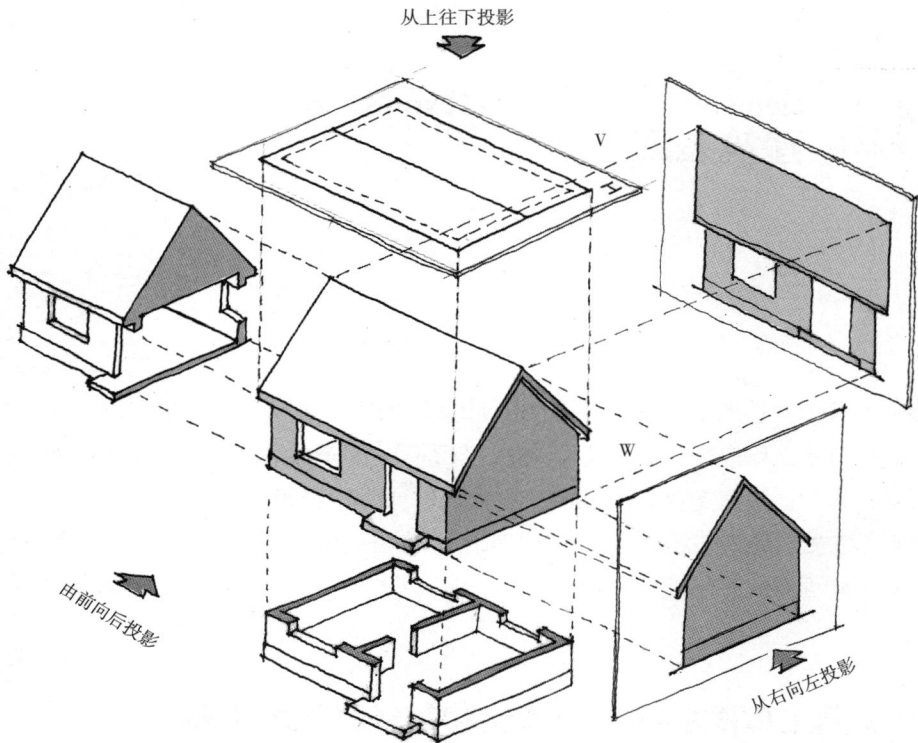

图 4-1 投影规律

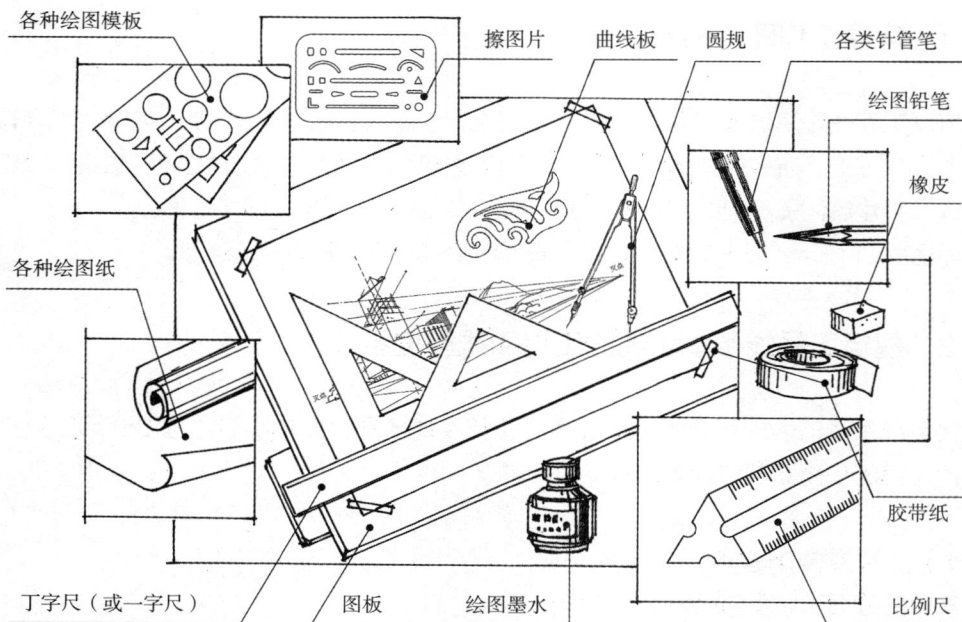

各种绘图模板

擦图片   曲线板   圆规   各类针管笔

绘图铅笔

橡皮

各种绘图纸

胶带纸

丁字尺（或一字尺）   图板   绘图墨水   比例尺

图 4-2（a）常用的绘图工具及用品

　　a. 丁字尺是专供画水平线的工具。操作时自上而下，从左往右画线，如图 4-2（b）所示。注意丁字尺是不允许在图板四周轮换使用的。

　　b. 三角板必须与丁字尺配合使用，绘制各种垂直线和斜线。其垂直线的绘制应从左到右，自下而上画线，如图 4-2（c）所示。利用三角板的互动可绘制出不同的特殊的角度，如图 4-2（d）所示。

　　c. 圆规画圆时应按顺时针方向作圆。画较大圆时，其圆规的针脚和笔尖必须与纸面垂直，以保证作图的准确性。当直线与曲线相交时，应先画曲线，再画直线，如图 4-2（e）所示。

图 4-2（b）画水平线

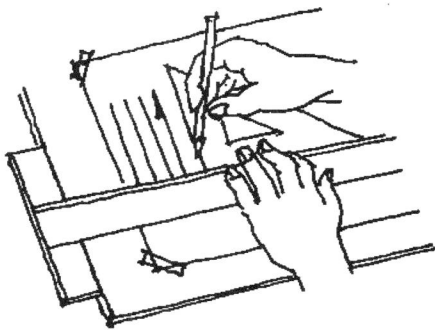

图 4-2（c）画垂直线

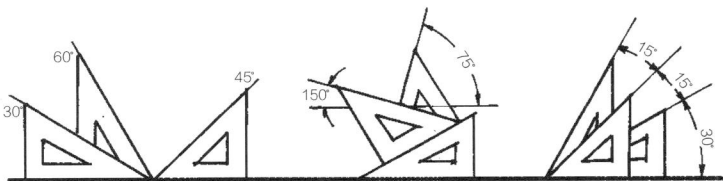

图 4-2（d）不同角度的画法

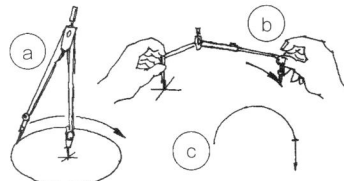

图 4-2（e）圆规的使用

2）线条图中的线型控制

　　线条图中会出现不同形式和粗细的线型，这些不同的线型和粗细程度代表着不同意义，诸如：

　　粗实线——表示建筑物形体轮廓线，平、剖面图所剖切到的构件轮廓线等。

　　中实线——表示平、立面图上门窗等构件轮廓线。

　　细实线——表示平、立、剖面图中其余可见线和一系列尺寸标注线。

　　细虚线——表示形体中的不可见线。

　　折断线（细）——表示形体在面上被断开的剖分。

　　波浪线（细）——表示构造层次的局部剖切线。

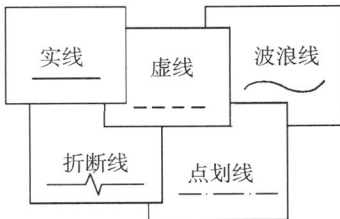

图 4-3 常用线形

4.2　建筑工具线条图的绘制与要点

　　在进行建筑方案设计时，通常都需要绘制一定数量的建筑平、立、剖面图和透视图。同时，还需要注写必要的数据和文字说明等。

4.2.1　建筑平、立、剖面图的绘制

1）建筑平面图的绘制
建筑平面图的绘制与步骤如图 4-4（a）、（b）所示：

2）建筑立面图的绘制
立面图的绘制，可按图 4-5（a）、（b）所示步骤进行。

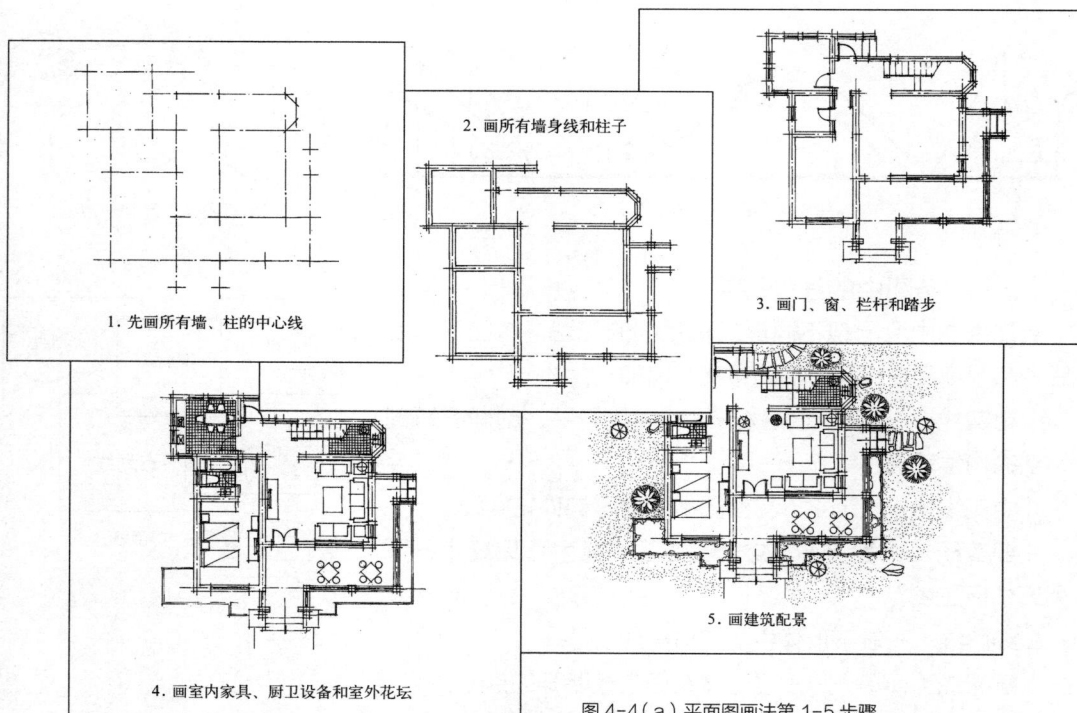

2. 画所有墙身线和柱子

3. 画门、窗、栏杆和踏步

1. 先画所有墙、柱的中心线

5. 画建筑配景

4. 画室内家具、厨卫设备和室外花坛

图 4-4（a）平面图画法第 1-5 步骤

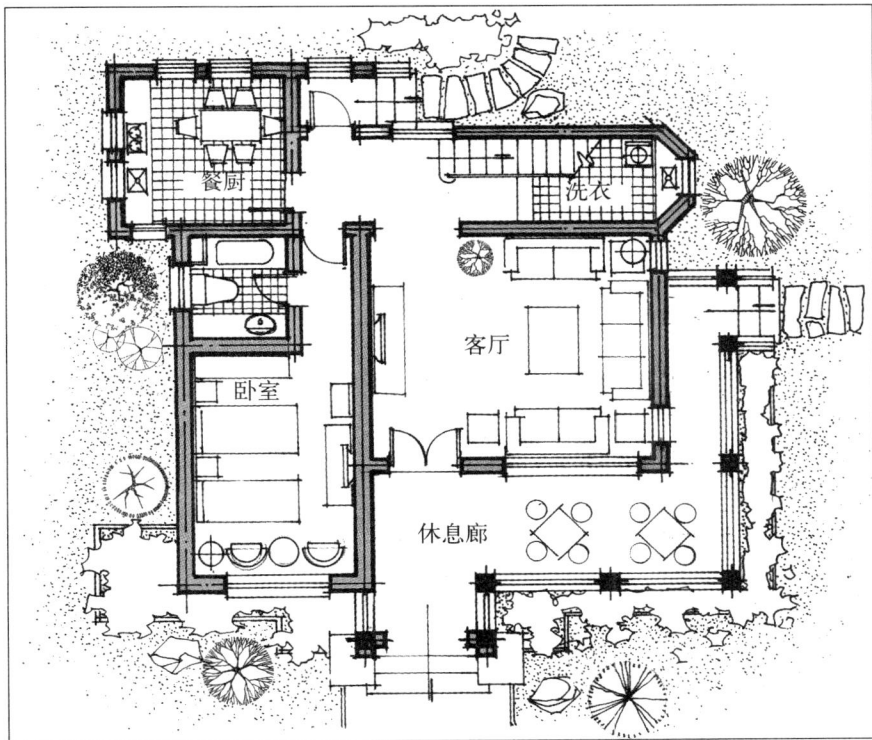

6. 经校正无误或局部修饰后，方可上墨加深

图 4-4（b）平面图画法第 6 步骤

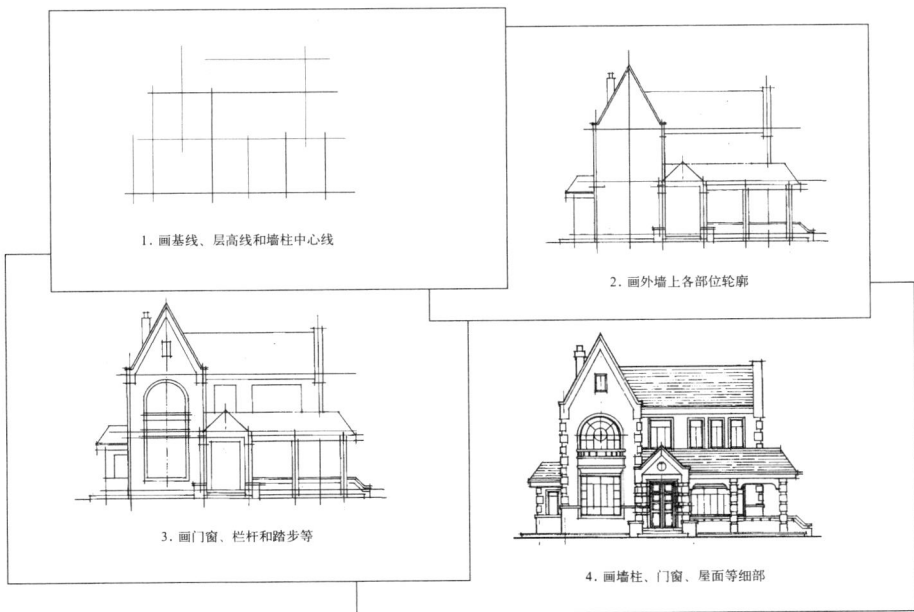

1. 画基线、层高线和墙柱中心线

2. 画外墙上各部位轮廓

3. 画门窗、栏杆和踏步等

4. 画墙柱、门窗、屋面等细部

图 4-5（a）立面图画法第 1~4 步骤

5. 配景、修饰最后经校正无误后，即可上墨线

图 4-5（b）立面图画法第 5 步骤

3）建筑剖面图的绘制

剖面图的绘制，可按图 4-6（a）、（b）所示步骤进行。

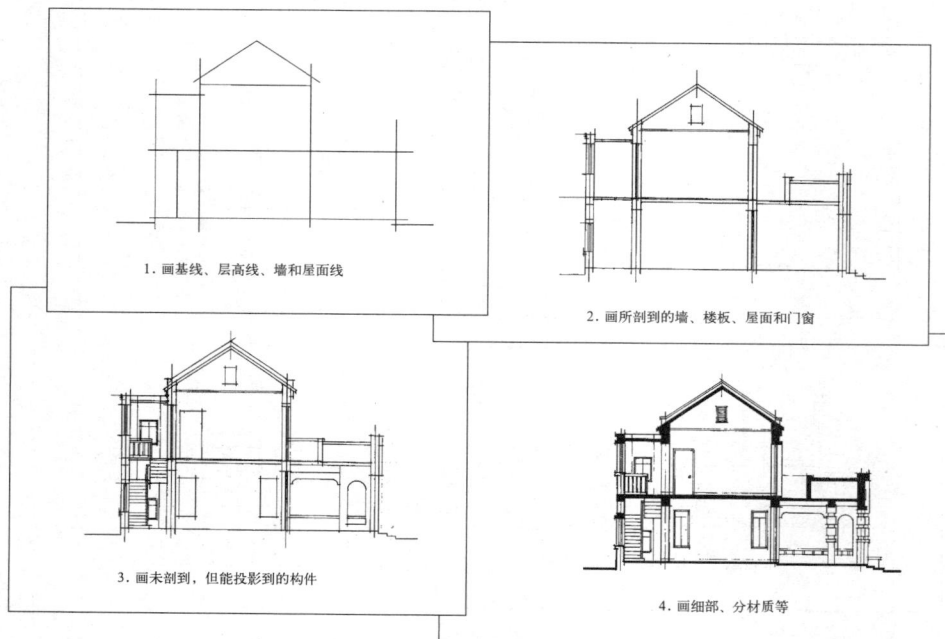

1. 画基线、层高线、墙和屋面线

2. 画所剖到的墙、楼板、屋面和门窗

3. 画未剖到，但能投影到的构件

4. 画细部、分材质等

图 4-6（a）剖面图绘制 1~4 步骤

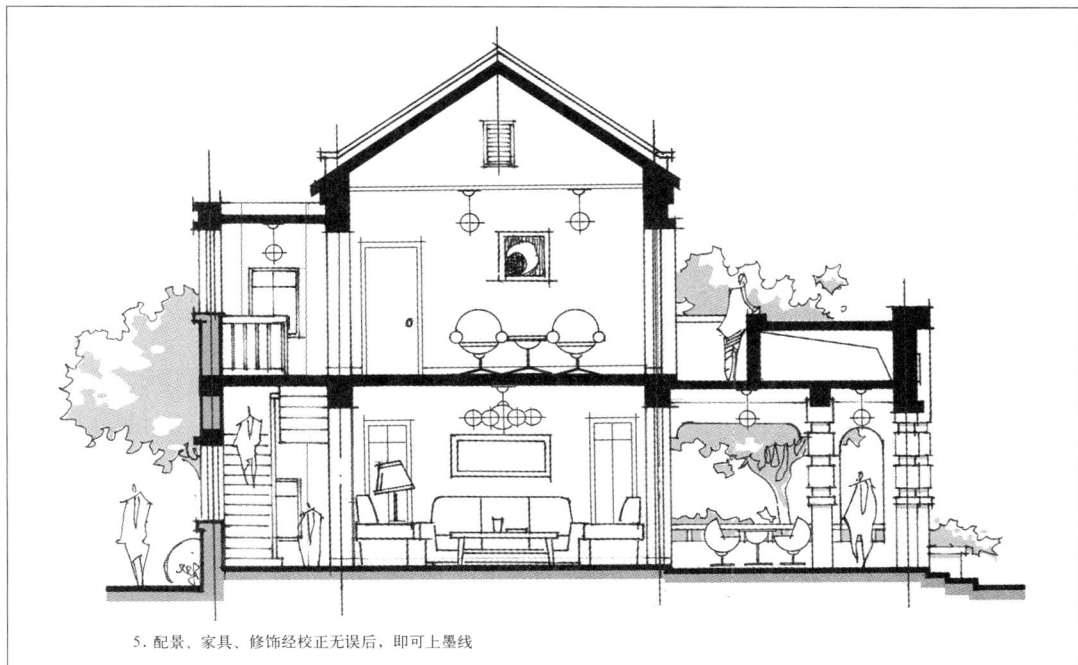

5. 配景、家具、修饰经校正无误后，即可上墨线

图 4-6（b）剖面图绘制第 5 步骤

4.2.2 平、立、剖面图的绘制要点

建筑方案线条图的绘制要求必须要静下心来，千万不能急于求成。同时要遵循以下绘图要点，如图 4-7 所示。

（1）绘图前，首先进行图面布置。图与图框之间的距离，必须大于图与图之间的距离。否则会导致图面松散，缺乏图面的向心力。

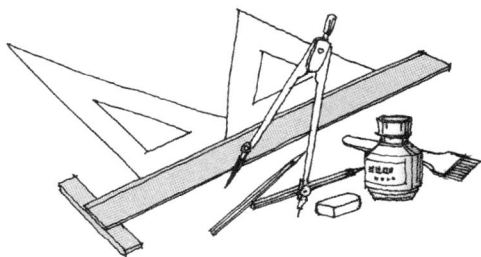

图 4-7 绘图要点

（2）绘制草稿图时，建议选用 2H-3H 的铅笔，运笔要放松，线条交接处允许出头。

（3）绘制完草稿图时，必须进行仔细的校对，确认无误时，方能上墨或铅笔加深。

其顺序分别为：先细线后粗线，先曲线后直线，先上面后下面，先左边后右边。

（4）所有图线，必须严格遵守不同线型的规格要求，并做到线条粗细有别，墨色饱满。

4.2.3 建筑方案图中的字体

建筑方案图中不可避免地会出现一些字体，它包括汉字、数字与字母三部分。一张漂亮优秀的方案图，会有书写端正、清晰而又美观的字体。

1）汉字

建筑方案图中所需的汉字又可分为说明性汉字和标题性汉字两类。

（1）说明性汉字

说明性汉字通常有"仿宋体"和"等线体"（黑体），其书写各有特点和要领。

a. 仿宋体

仿宋体是由软笔宋体字演变而来，其硬笔书写要领为：横平竖直，起落分明，填满方格且结构匀称，如图 4-8 所示：

仿宋字书写有一定的难度，但也只有通过仿宋字的训练，特别是对每一个字的字体结构有一个良好的了解，才能为以后书写其他字体奠定良好的基础。

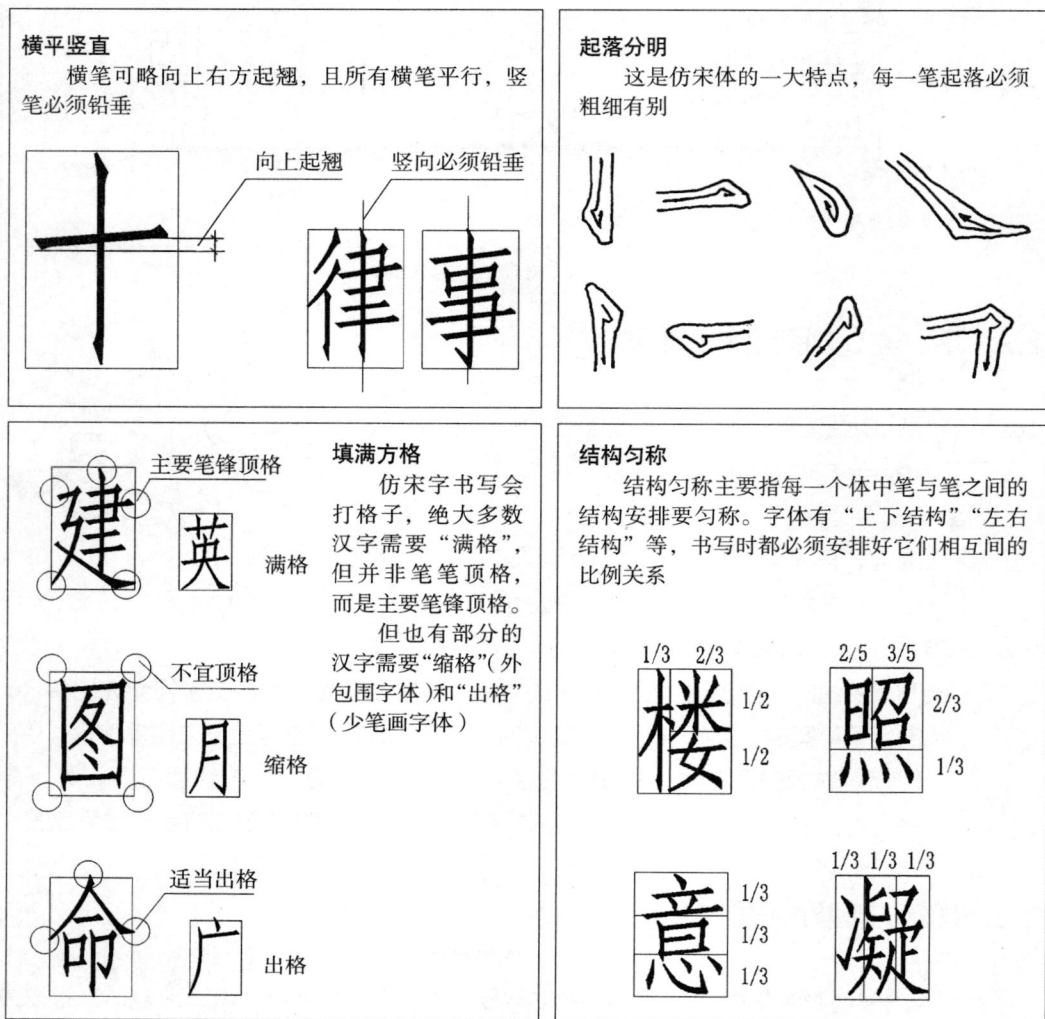

横平竖直
　　横笔可略向上右方起翘，且所有横笔平行，竖笔必须铅垂

向上起翘　　　竖向必须铅垂

起落分明
　　这是仿宋体的一大特点，每一笔起落必须粗细有别

填满方格
　　仿宋字书写会打格子，绝大多数汉字需要"满格"，但并非笔笔顶格，而是主要笔锋顶格。
　　但也有部分的汉字需要"缩格"（外包围字体）和"出格"（少笔画字体）

主要笔锋顶格
满格
不宜顶格
缩格
适当出格
出格

结构匀称
　　结构匀称主要指每一个体中笔与笔之间的结构安排要匀称。字体有"上下结构""左右结构"等，书写时都必须安排好它们相互间的比例关系

1/3　2/3
1/2
1/2

2/5　3/5
2/3
1/3

1/3 1/3 1/3
1/3
1/3
1/3

图 4-8 仿宋字书写要领

b. 等线体（黑体字）

在建筑方案设计的图面表达中除仿宋字外，还有等线体也是最常见的字体之一。其书写要领相对比较简单，如图 4-9 所示。

（2）标题性汉字

标题性汉字如"幼儿园建筑设计""办公楼建筑设计""山地旅馆设计"等，这些标题是图纸表现中不可缺少的部分。

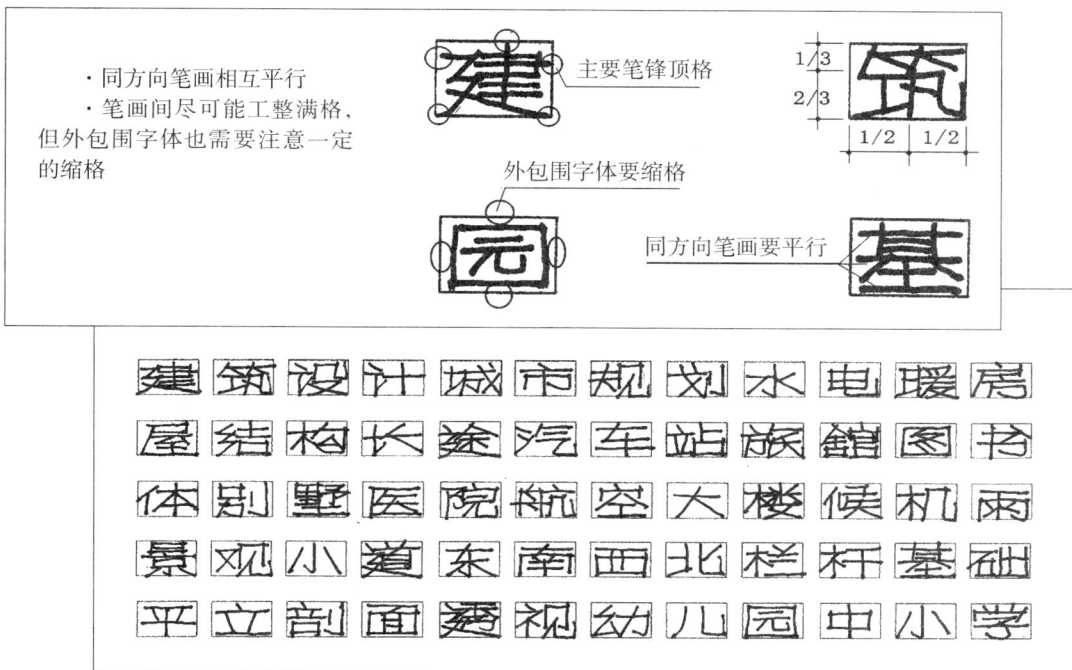

图 4-9 等线字书写要领

标题性汉字的字体较多，通常所说的美术字均可用之。但为了节省时间，特别在快题考试时，建筑图面表现中较为常见的标题性汉字还是用"块块字"字体，书写方便且刚劲有力，如图 4-10 所示。

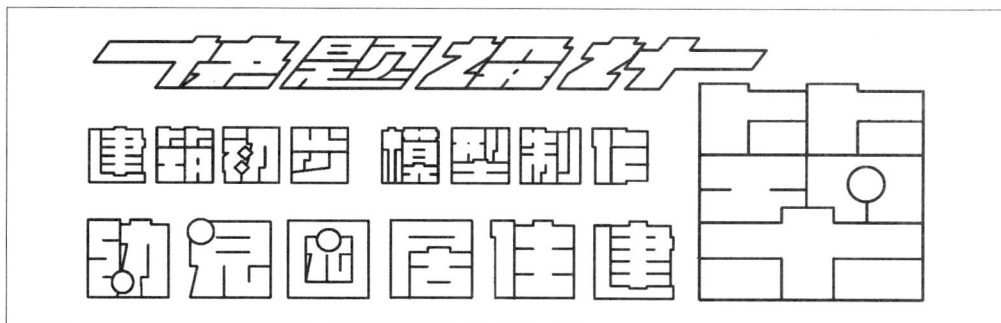

图 4-10 块块字样式

块块字的书写应注意以下几点,如图 4-11 所示。

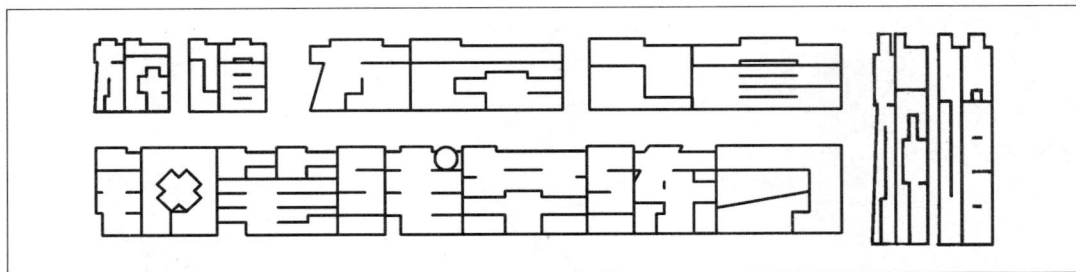

图 4-11 不同比例字体

块块字的基本形就是一个方块,要尽可能地利用某些笔画将字体撑方。

对于某些笔画较少的字体,可以适当选择横竖笔画不等宽,尽量使得字体方正。

掌握其一定的规律和要领后,便可灵活地运用,根据图面位置的多少,灵活安排字体的大小和长宽比例,以最合适的比例将其表达。

2)数字与字母

数字与字母都是方案图中不可缺少的内容,它们的书写同样需要注意笔画的书写顺次和笔画的结构安排,如图 4-12 所示。

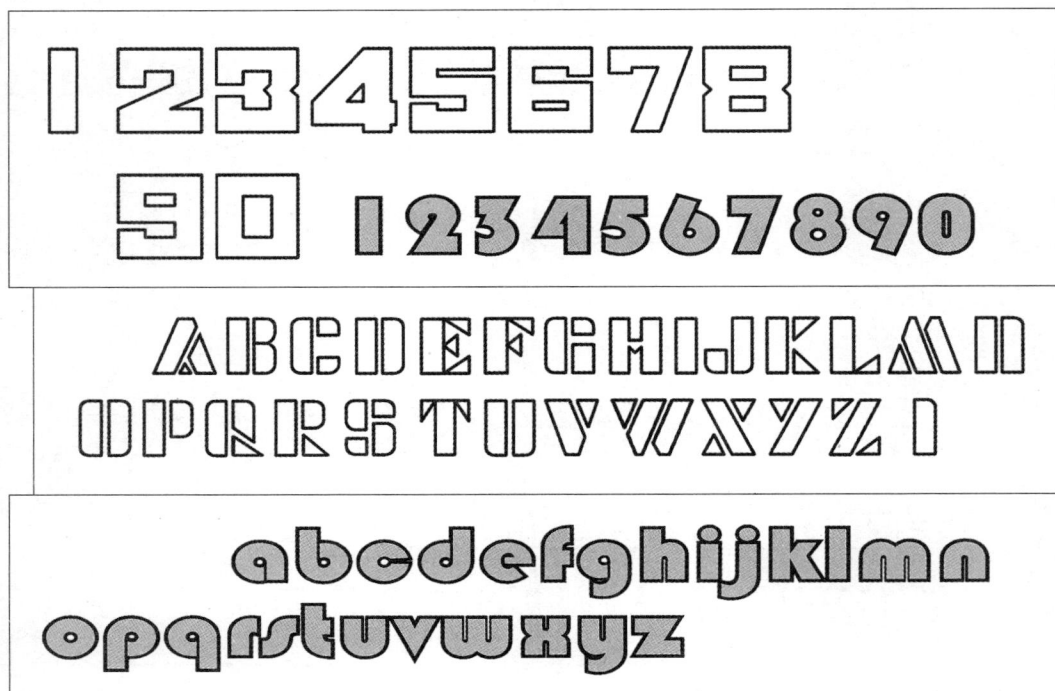

图 4-12 数字与字母

4.3 钢笔徒手表现

　　钢笔徒手表现也称为钢笔徒手画，它是建筑设计过程中较为常见的一种表现技法，特别在建筑方案设计的前期，被建筑师们广泛使用。同时，也是建筑专业学生必须尽早掌握的一种表现技能。

　　钢笔徒手画使用工具简单，作图方便，所绘的图形黑白分明，极易保存，钢笔徒手作图可应用于建筑方案设计的全过程，如图 4-13 所示。

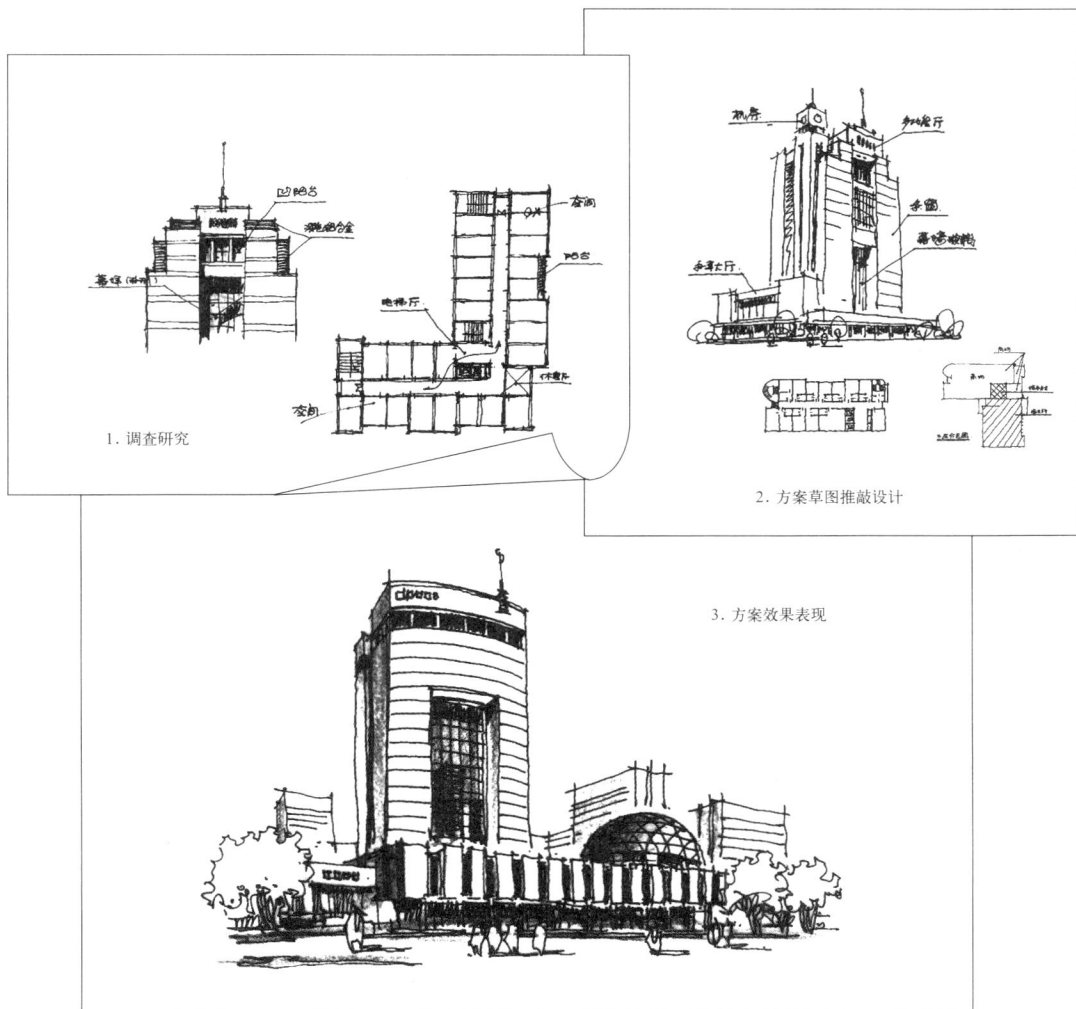

1. 调查研究

2. 方案草图推敲设计

3. 方案效果表现

图 4-13 建筑方案设计中的钢笔徒手作图

4.3.1　钢笔徒手线条的技法要领

钢笔徒手线条的第一步是作大量的徒手线条练习。开始可能会出现手抖动的现象，但通过大量的多种线条练习，会熟能生巧。作为一名建筑专业的学生，必须利用一些零星的时间，每天练习一番，少则一二十分钟，多则一二小时，这对初学者来讲是非常重要的，也是所谓的徒手。

练手的同时，还需遵循以下技法要领，如图 4-14 所示。

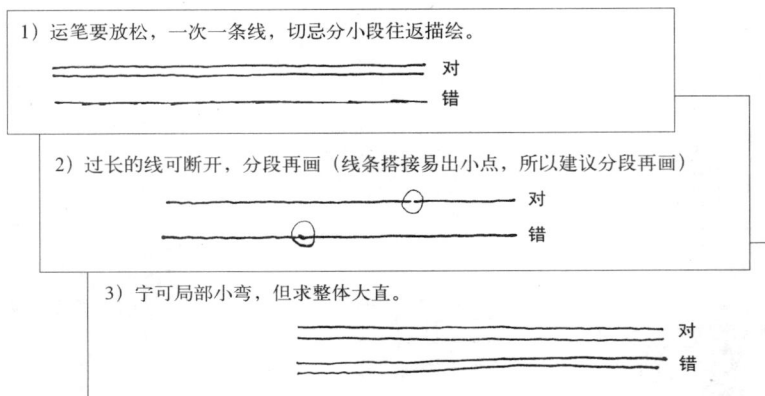

图 4-14 钢笔线条练习技法要领

学习建筑徒手画一定要利用课余时间，经常地、反复地练习勾画各种不同的线条，只有这样才会熟能生巧，如图 4-15 所示。

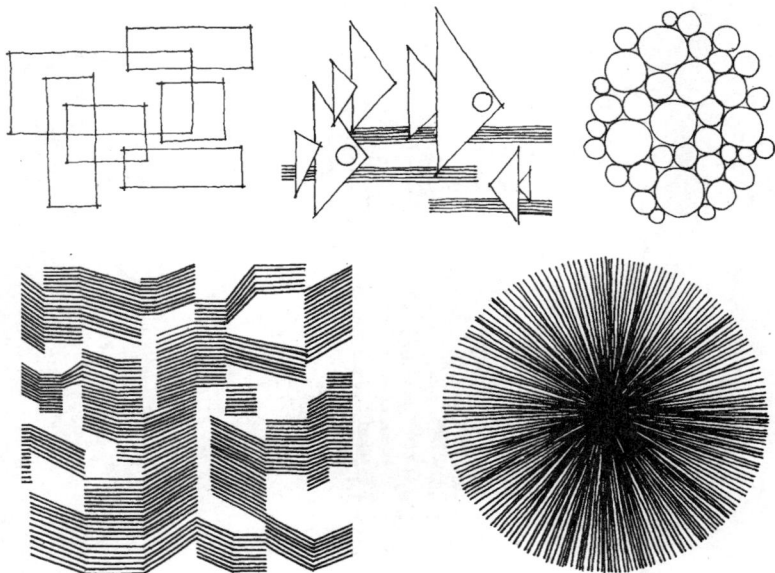

图 4-15 各种线条的练习

4.3.2　钢笔线条的组合

　　不同钢笔线条的组合和排列，将产生出不同的组合效果，给人不同的视觉印象。在钢笔徒手画中建筑师们会选择多种线条的组合，来表现不同的光感和肌理，如图4-16所示。

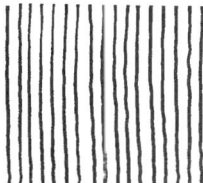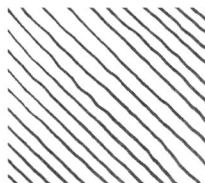

直线的组合1

4.3.3　钢笔线条的表现力

　　不同线条和不同方式的组合线条，将产生不同的表现力，正是这些神奇的表现力被广大建筑师所接受，并应用于建筑设计的表现中。

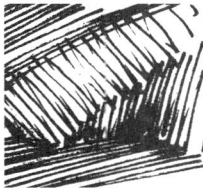

直线的组合2

1）光影效果的表现——退晕

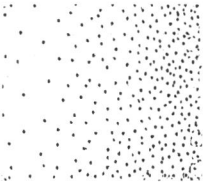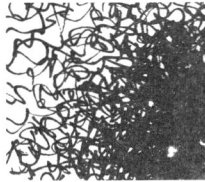

点、曲线的组合

图4-16 钢笔线条的组合

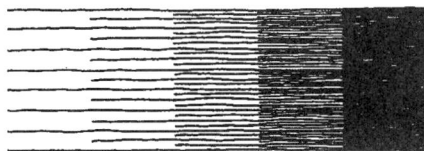

直线的分格退晕

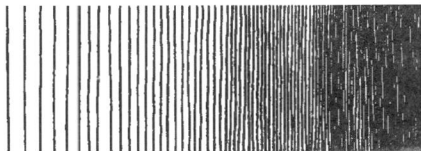

直线的自然退晕

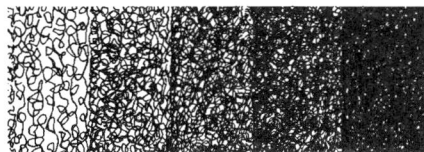

曲线的分格退晕

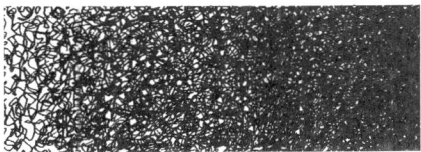

曲线的自然退晕

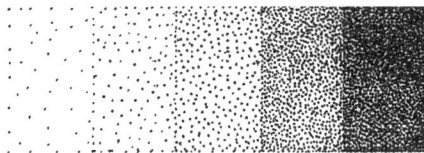

点的分格退晕

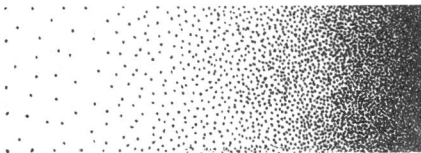

点的自然退晕

图4-17 光影效果的表现

2）不同材料的质感表现

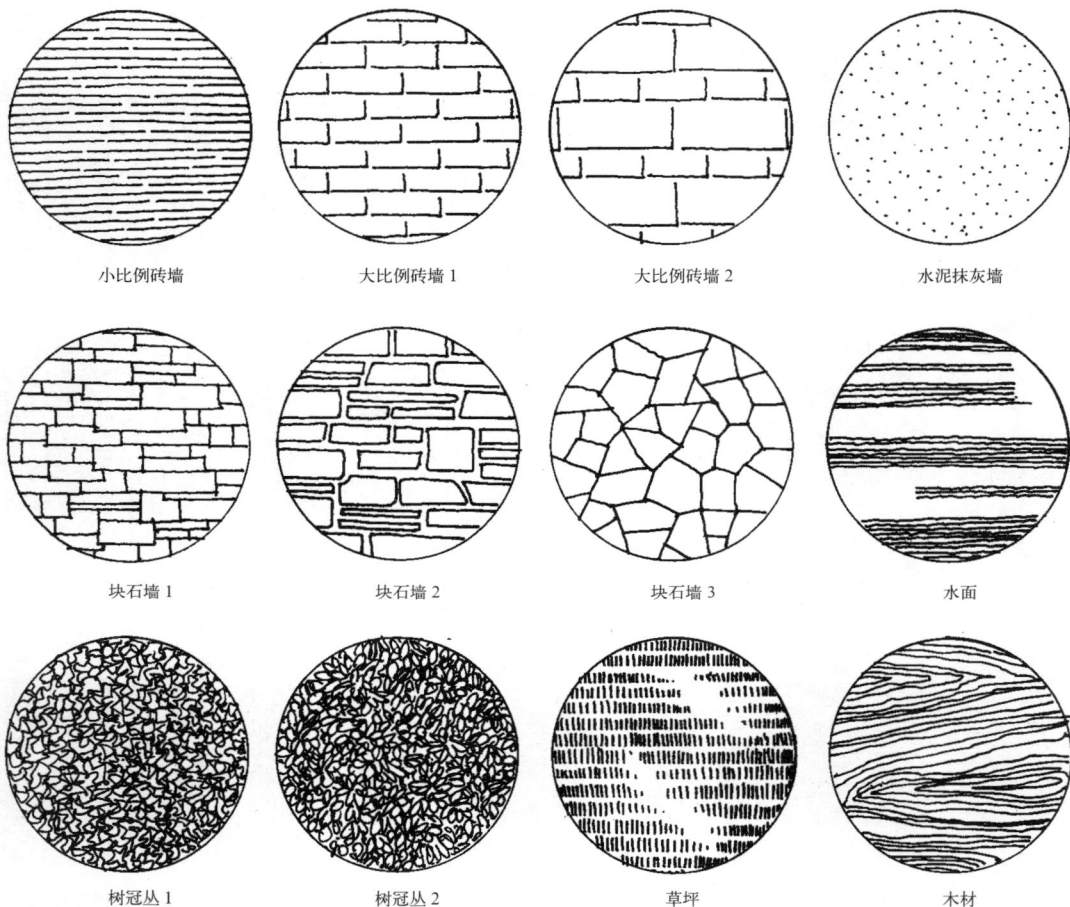

小比例砖墙　　　　　大比例砖墙 1　　　　　大比例砖墙 2　　　　　水泥抹灰墙

块石墙 1　　　　　块石墙 2　　　　　块石墙 3　　　　　水面

树冠丛 1　　　　　树冠丛 2　　　　　草坪　　　　　木材

图 4-18 不同建筑材料与植物的质感表现

3）建筑配景的表现

建筑表现图中不可缺少地有许多建筑配景，它们可以生动地、真实地和艺术地表现出不同的建筑效果，如图 4-19 所示。

建筑配景所涉及的内容有很多，如：天空云彩、山石道路、绿化景观、交通车辆以及人物等，由于教材的篇幅有限，以下主要介绍树木、交通工具和人物在绘制时应注意的问题。

图 4-19 某商务大楼效果图

（1）树木的表现

绘制千姿百态的树木，首先应了解常见不同树形的特征，认识不同树形的枝干生长特点，同时，还需要掌握不同树形的明暗层次关系，如图 4-20（a）、（b）、（c）所示。平时应多练习常见绿化的画法。

（2）交通工具的表现

交通工具主要以小轿车为主，同时还会有一些大客车和货车。

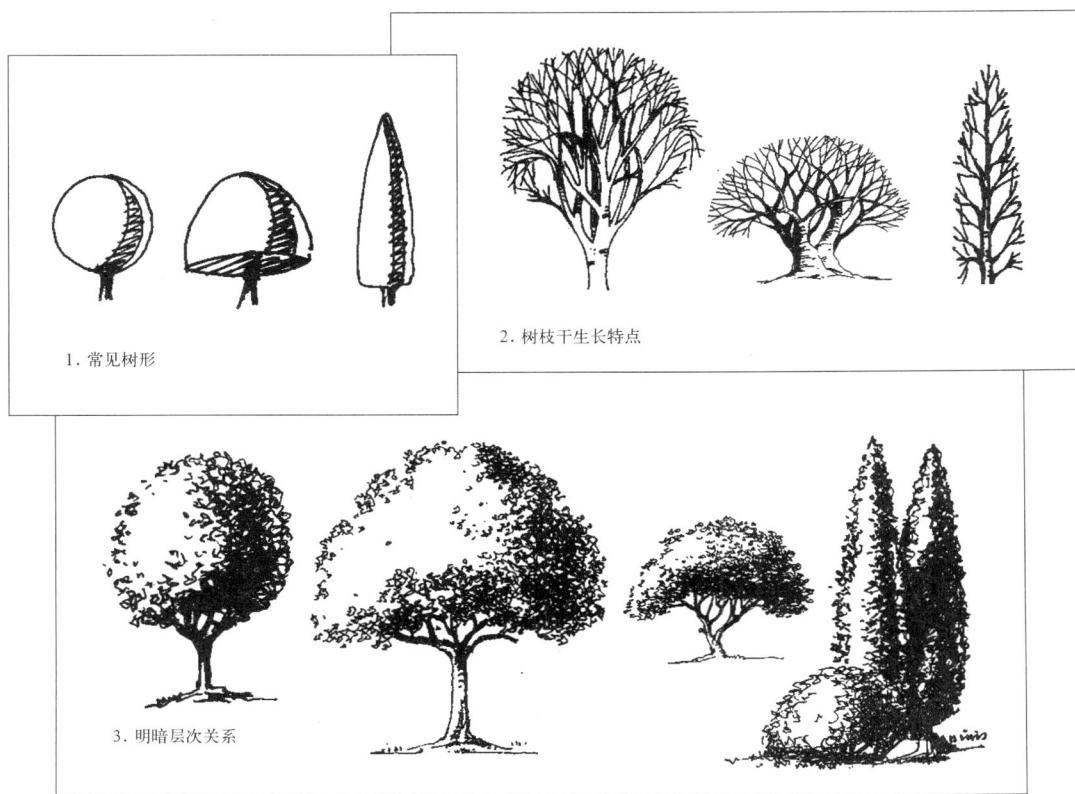
1. 常见树形

2. 树枝干生长特点

3. 明暗层次关系

图 4-20（a）常见树形的生长规律与明暗关系

图 4-20（b）写实性画法

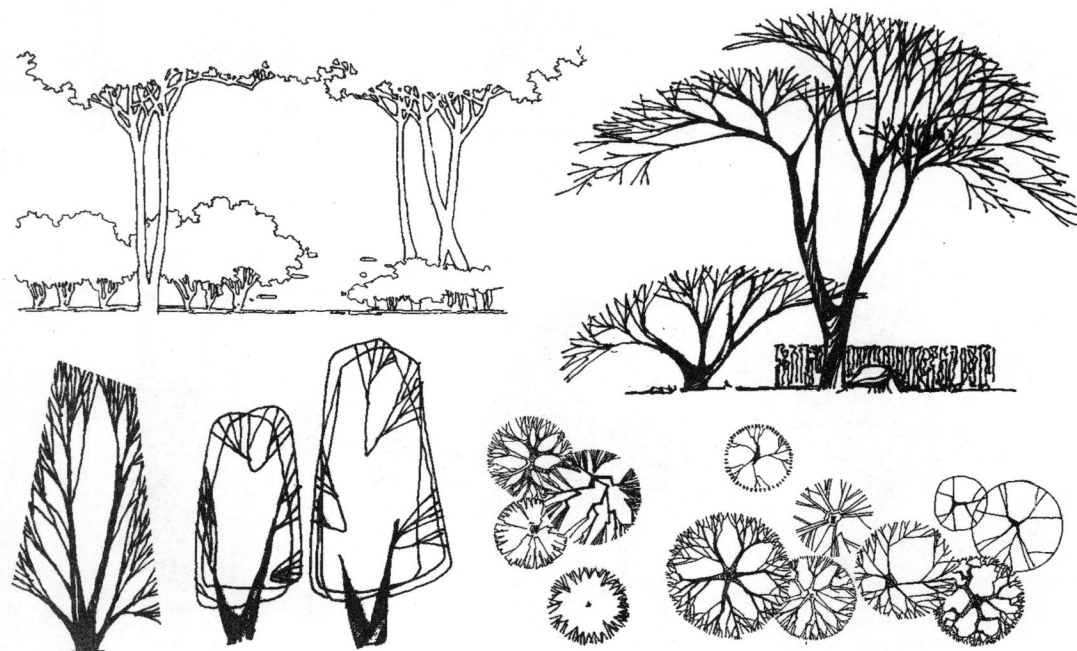

图 4-20（c）程式性画法（图案化）

　　绘制小轿车首先要了解一般家庭轿车的长宽高尺寸和比例。这对建筑画中体现相应的尺度是很重要的，见图 4-21。

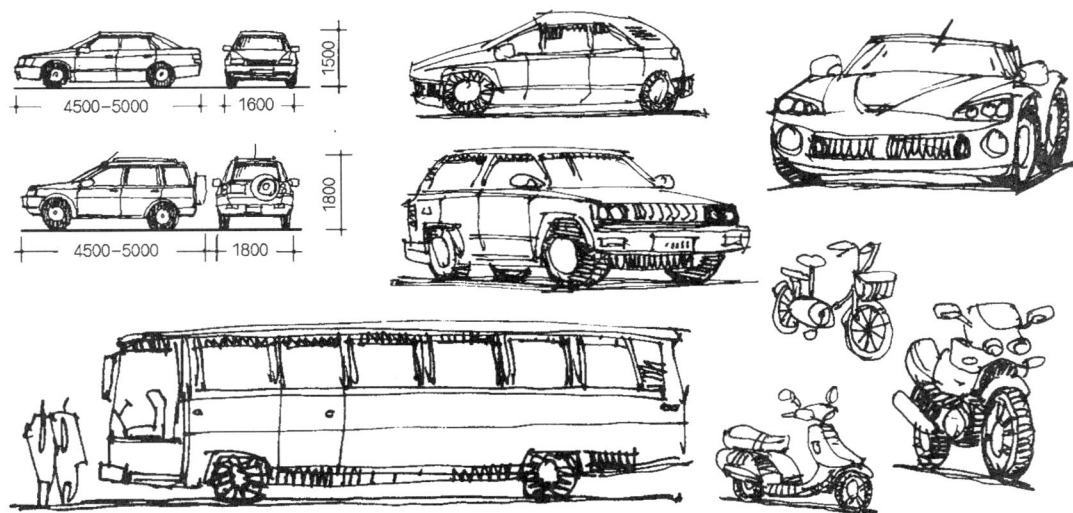

图 4-21 常见交通工具的表现图

（3）人物的表现

在建筑画中人物的配置会增添较强的尺度感和生机。

人物的绘制只求人体与建筑物之间的尺度关系，将人体高度与视平线之间的关系表达准确即可，通常人体高度控在 1.6~1.8m，人体不宜刻画细部，见图 4-22。

图 4-22 人物的表现图

（4）建筑物的表现

钢笔徒手线条表现建筑物的方法比较多，但比较常见的可分为单线表现法和排线表现法，如图 4-23 所示。

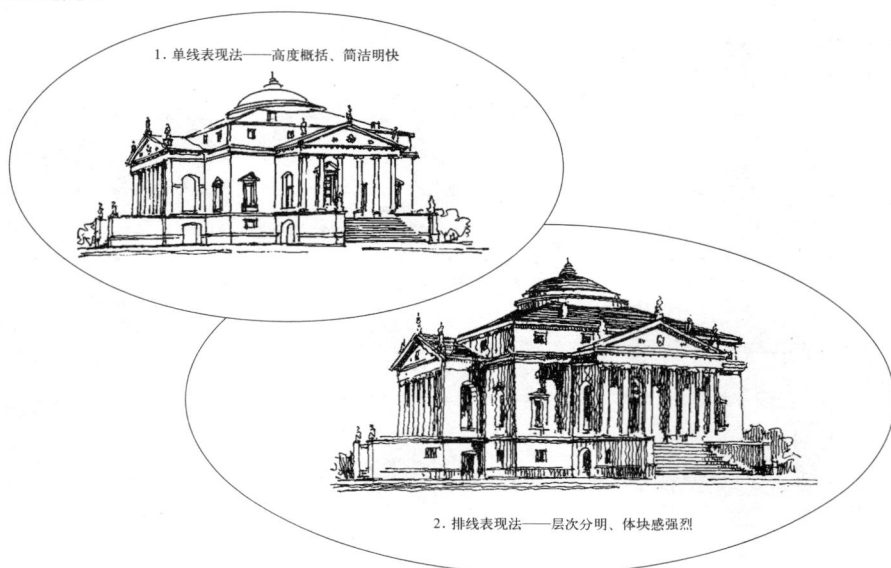

图 4-23 建筑物的钢笔表现图

（5）建筑速写

以简单而又快捷的手法来表现景物，这是训练学生构思与表达的一种理想手段。长期进行这种训练对建筑设计的构思与表现有极大的帮助，如图 4-24 所示。

图 4-24 建筑速写

4.4 钢笔水彩的表现

钢笔水彩的表现是钢笔线条图与水彩渲染相结合的一种表现方法，这种方法充分发挥钢笔线条的清晰与确定和水彩颜料透明与轻快的特点，两者结合较好地表现了建筑效果。

4.4.1 水彩渲染的辅助工作和渲染法

单一的水彩渲染，早在 20 世纪六七十年代以前就较为流行，但随着建筑水粉效果图以及电脑效果图的出现，单一的水彩渲染建筑效果图也就慢慢地不再使用。但水彩渲染技法的辅助作用，在钢笔水彩的表现中还是需要用到的。

1）辅助工作
渲染的辅助工作主要可分为工具与材料的准备以及裱纸的方法等。
（1）工具与材料
裱纸和水彩渲染的工具与材料如图 4-25 所示：

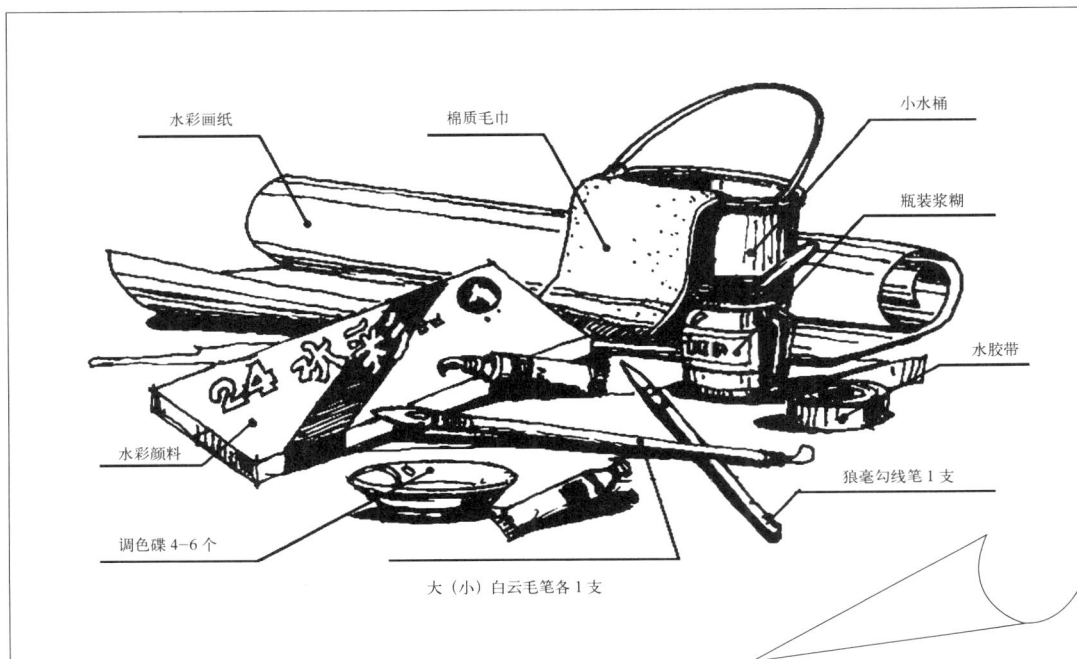

图 4-25 渲染的工具与材料

（2）裱纸

渲染作图时需要大面积着色，为了防止纸面膨胀而产生凹凸不平，渲染以前必须要裱纸。

裱纸可分传统的浆糊裱纸法和现代的水胶带裱纸法两种，分别介绍如下：

a. 浆糊裱纸法

步骤如图 4-26 所示：

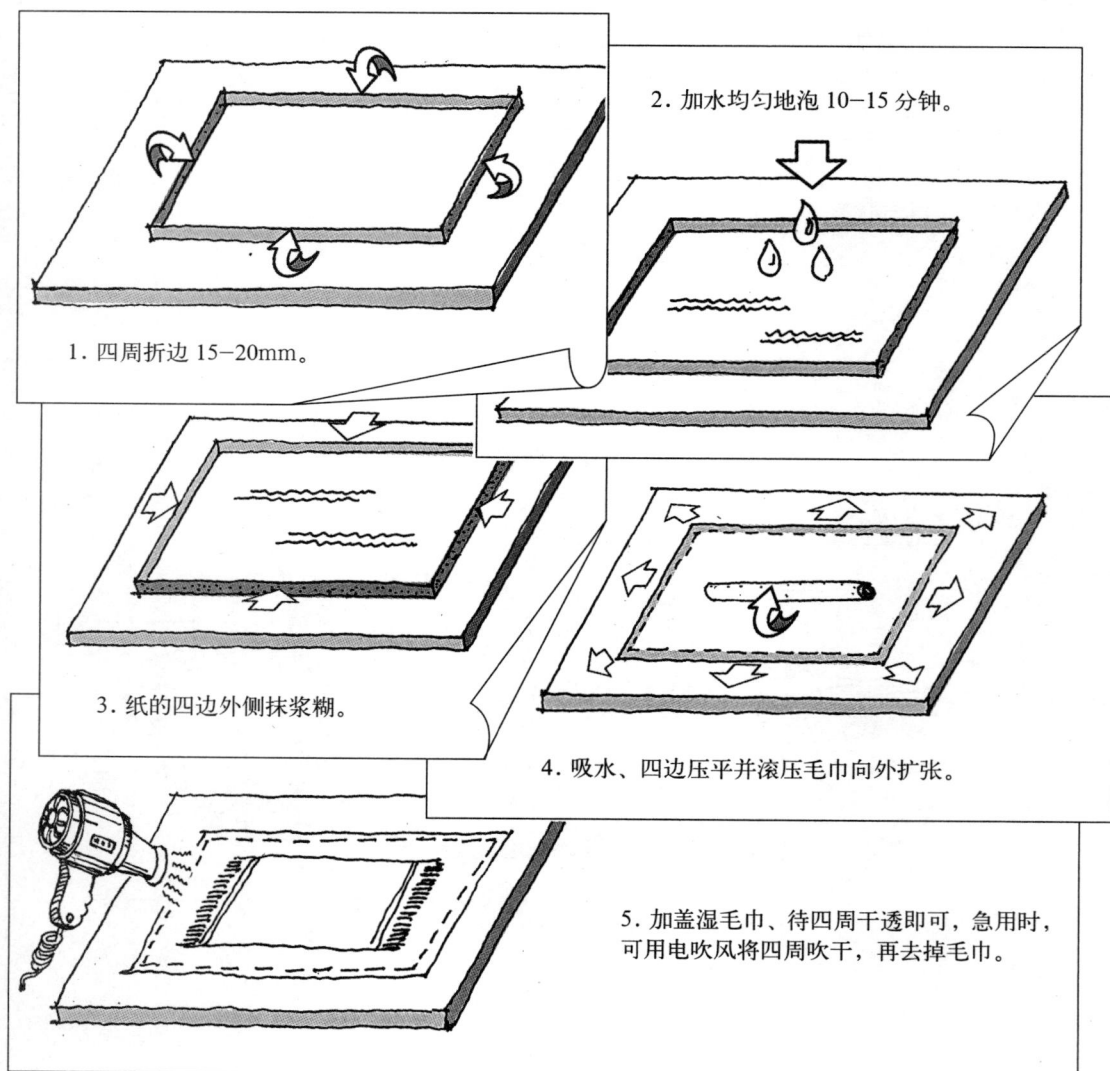

1. 四周折边 15～20mm。

2. 加水均匀地泡 10～15 分钟。

3. 纸的四边外侧抹浆糊。

4. 吸水、四边压平并滚压毛巾向外扩张。

5. 加盖湿毛巾、待四周干透即可，急用时，可用电吹风将四周吹干，再去掉毛巾。

图 4-26 浆糊裱纸法

b. 水胶带裱纸法

水胶带裱纸法与浆糊裱纸方法大同小异，只是水彩纸与图板的粘结剂有所变化，操作法略有不同。

步骤如图 4-27 所示：

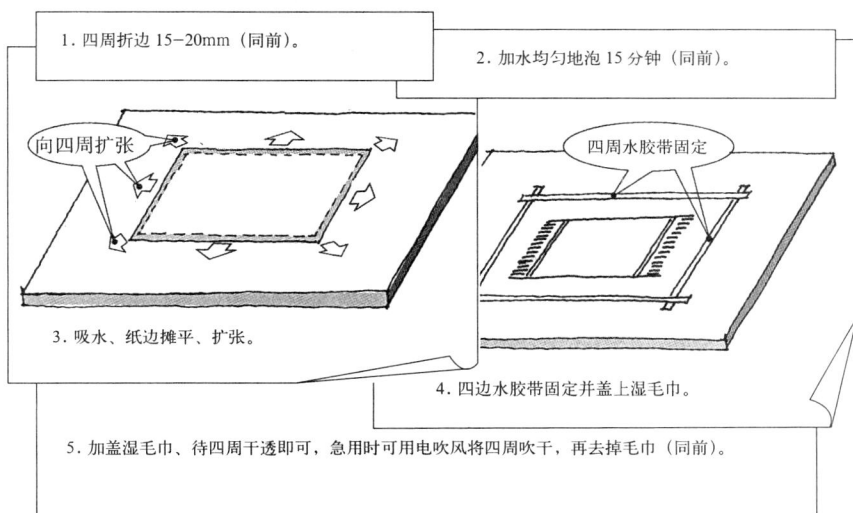

1. 四周折边 15~20mm（同前）。

2. 加水均匀地泡 15 分钟（同前）。

向四周扩张

四周水胶带固定

3. 吸水、纸边摊平、扩张。

4. 四边水胶带固定并盖上湿毛巾。

5. 加盖湿毛巾、待四周干透即可，急用时可用电吹风将四周吹干，再去掉毛巾（同前）。

图 4-27 水胶带裱纸法

2）基本渲染方法与注意事项

（1）基本渲染法

a. 运笔方法

渲染的基本运笔方法通常可分为以下三种，如图 4-28 所示。

I. 水平运笔法：

适用于大面积渲染，如天空、大墙面、地面等。

II. 垂直运笔法：

适宜小面积竖向长条的渲染，如柱子等。

III. 环形运笔法：

常用于退晕渲染，笔触能起到搅拌色水，使渐变柔和的作用。

b. 渲染法

根据画面不同的材质不同的光影效果，其水彩的渲染法也会不同，通常会有以下三种方法，如图 4-29 所示。

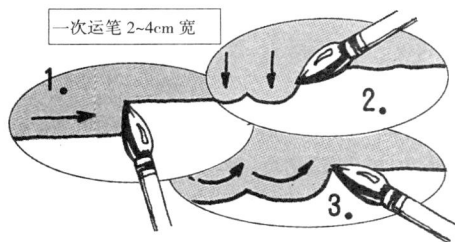

一次运笔 2~4cm 宽

图 4-28 基本运笔方法

平涂法　退晕法　叠加法

图 4-29 基本渲染法

Ⅰ. 平涂法

适合表现受光均匀的平面。

Ⅱ. 退晕法

适用于表现受光强度不均匀的平面或曲面。

Ⅲ. 叠加法

适用于表现需多次着色，而有明显层次和分格退晕的效果。

（2）注意事项

渲染时会出现各种的问题，尤其是初学者在渲染的过程中请注意以下事项，见图 4-30。

渲染时采用一些明度较低的颜料时需要滤色，如普兰、草绿、熟褐、紫罗兰、群青等一类颜料，特别在做"色块基本练习"时，其颜色必须过滤才能使用。

颜料过滤的具体做法：

a. 将颜料挤在调色碟中，加水调成较浓色水，并用垫块置高。

b. 低处再放一个调色碟，在两调色碟之间用粗毛线（或餐巾纸搓成条）作虹吸引流，将高处色水过滤到低处即可（根据用色多少，需要反复过滤几次，一般需要用小瓶储存30 ~ 50ml）。用时，再根据色彩需要的深浅，加清水配制不同深浅色水。

画钢笔水彩效果图时色水可以不过滤。

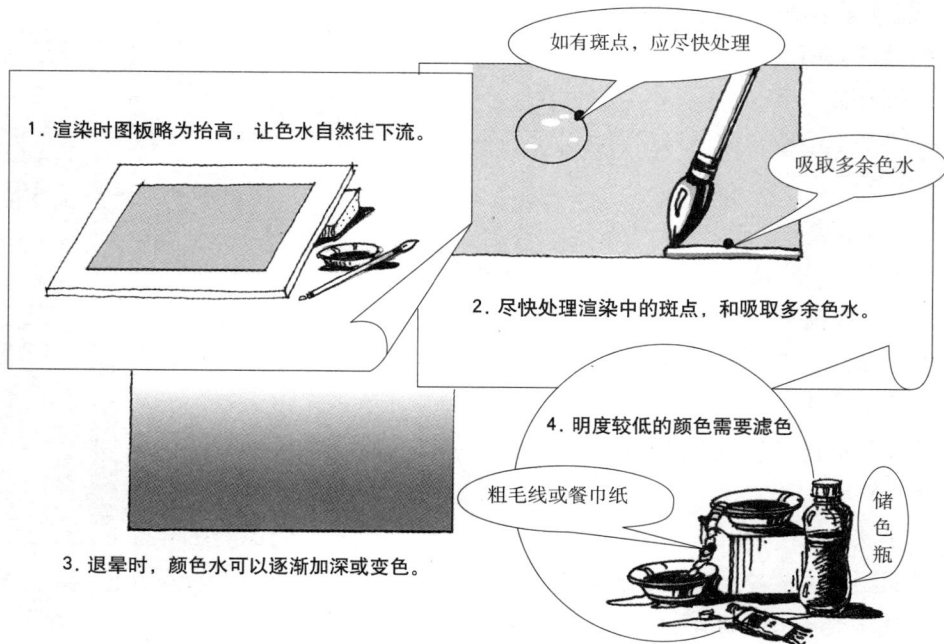

图 4-30 渲染过程中的注意事项

4.4.2　钢笔水彩效果图的表现

传统表现法是以较细腻的钢笔排线为基础，与透明淡雅的水彩渲染结合的一种表现，给人严谨、工整和细腻的表现效果，如图 4-31 所示。

快速表现法以流畅、快速的钢笔线条为基础，配以色彩鲜艳、快速以及写意的表现手法，给人简洁、明快，而又快捷的效果，这一表现效果比较适合现代设计中的快速表现。

钢笔水彩的表现从技法上讲也可分为传统和快速两种。

本章节主要介绍钢笔水彩效果图表现中的快速表现法，其表现要点与步骤如图 4-32 所示。整体色彩效果设想：强调画面中间效果，虚化边缘，既可突出重点也可节约时间。其作图步骤为在底稿的基础上：1）天空（上下要有一定的退晕）；2）建筑外墙与屋顶（墙面与屋顶应有主次光之分并有退晕效果）；3）建筑物灯光与入口（以暖色调为好）；4）周围环境（渲染出层次并虚化边缘）；5）修饰并钢笔勾线。

钢笔加水彩

图 4-31 较细腻的钢笔水彩效果图

1. 一般先着色天空
2. 建筑外墙及屋顶
3. 建筑灯光及入口细部
4. 周围配景

图 4-32 快速渲染步骤

5. 细部修饰及钢笔勾线
图 4-32 快速渲染步骤（续）

（由于教材书面篇幅有限，售楼小屋、汽车之家和小别墅立面等的渲染图及步骤等图均可在配套资源中下载。）

4.5 方案设计的快速表现

　　近十年来，我国在设计人才方面的竞争越来越激烈，通过考试择优录取已成惯例。例如，各大设计院的招工就业需要快题考试，各高等院校招收建筑学、城乡规划、园林景观等专业的硕士研究生也都需要进行快题考试择优录取，以及全国统一的注册建筑师资格考试中的作图题也采用了快题形式。而这些快题考试基本都要求在 3 ～ 6 小时内完成，这给所有考生会带来很大的压力和难度，但这样的考试确实也能综合地反映出一个考生的基本设计水平，所以快题考试似乎已成为检验一名考试的试金石。

　　一个 6 小时的快题设计，在时间分配方面通常会：设计构思、草图推敲与正图绘制的时间为 1：1 或 3：5、2：5，如何将自己的设计方案准确地、形象地快速表现出来，这也成为建筑设计技能培养的一个重要环节。

　　快题考试对一年级的同学而言从时间上讲确实早了点，但从基础训练来讲可以说还是很有必要的。目前，社会上的各类快题考试从表现形式来看，大多还是以马克笔为主彩铅为辅。但是也可根据自身的表现技能进行调整，对于非艺术类同学而言建议以彩铅为主辅加马克笔，或者以灰色马克笔为主、加彩铅，这种表现特别适合建筑、城规和园林绿化等专业，如图 4-33 方案的快速表现。

4.5.1　彩色铅笔的表现

　　彩色铅笔的表现已有百年的历史，早在 20 世纪初，就有不少国内外建筑大师，用彩色铅笔来表现自己的设计成果，并达到理想的效果。

　　虽然时间已过去了百年，但在进入高科技的今天，采用彩色铅笔来表达自己的设计效果仍是一种快速的表达方式之一。同时，对于初学建筑设计

图 4-33　方案的快速表现

的学生而言，用彩铅表达自己课程设计和快题设计的成果，更是一种方便快捷的表现手段。

1）彩铅表现的笔、纸与基本笔法
（1）笔与纸
　　彩色铅笔的表现是在钢笔线条表现的基础上进行的，它对笔与纸的要求并不高。对笔而言，颜色最好相对多一点。对纸而言，纸表面不宜太光滑，否则会影响着色力，普通的复印纸和绘图纸均可。

　　目前，文具市场中笔与纸品种很多，可以根据自己作图的需要进行选择。彩铅有国产的和进口的，有干性的和水溶性的，有 18 色、36 色、48 色和 72 色。

（2）基本运笔法
　　彩色铅笔的表现，其基本运笔法可分为：平行运笔和交叉运笔，通过不同的运笔法达到平涂效果和不同的退晕效果，从而表达不同的光影效果，如图 4-34 所示。

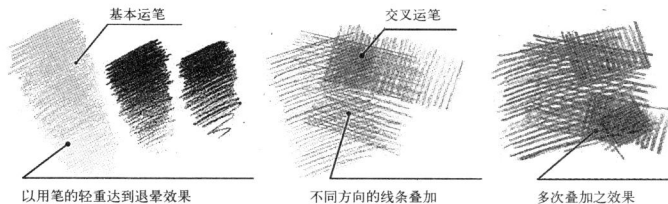

图 4-34　彩铅的基本运笔

2）作图程序
　　彩色铅笔的表现，其作图程序通常是先天空、后建筑、再配景及环境。但也可根据作图者的习惯，如图 4-35 为某建筑方案设计的快速图。

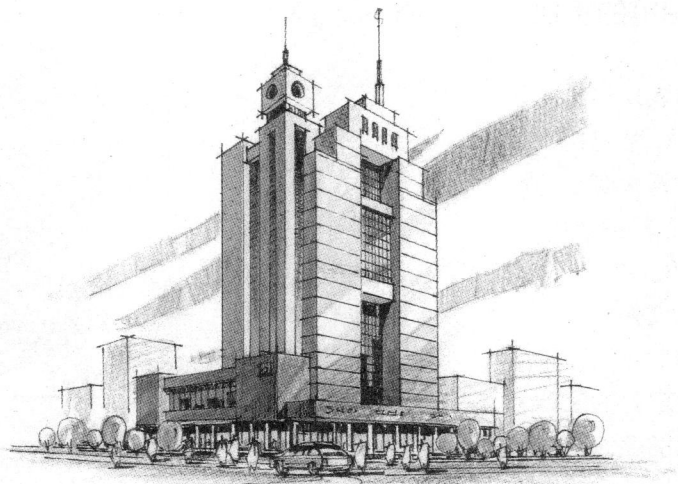

图 4-35 建筑方案设计彩铅的快速表现

4.5.2　马克笔的表现

马克笔表现具有色彩鲜明，作图方便的特点，所以也非常适合建筑设计中的快速表现。

1）笔与纸

马克笔可分水性与油性两类通常用油性，品牌与色彩都很多通常可分：灰色系列，蓝色系列，绿色系列，黄色系列，红色系列等，将色彩分类有利于作画和寻找。

画马克笔的用纸通常要求纸面密度稍高一点，例如：80g 复印纸，120g 卡纸等。

2）基本运笔法

马克笔色彩为透明的，重复叠加色彩会加深，故平涂时必须排列匀称尽可能避免叠加。

但是，马克笔上色在透视与光影的渐变下，运用渐变叠加的运笔法较多，退晕渐变的效果主要以运笔排列的间隔大小和叠加来控制，如图 4-36 马克笔的基本运笔。

3）作图程序

马克笔的上色程序通常也是先天空，后建筑，再环境，但也可根据作图者的习惯先建筑，后环境，再天空（建议天空用粉笔画）。对于初学者来讲可以先画一些民居小建筑，如图 4-37 所示：1. 天空（分画棒），2. 建筑物，3. 地面，4. 环境与修饰。

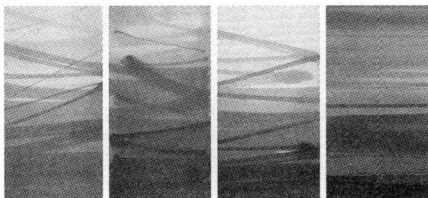

图 4-36 马克笔的基本运笔

注：对于"快速表现"在建筑初步课程中只作一般介绍，需深入了解与学习请参见由本人编著的《建筑与快速表现》教材。

4.6 模型制作

　　建筑模型是以三维手段来
表现建筑空间的一种方式。它
从不同的角度形象地反映出建
筑物的体形、空间和环境，给
人以逼真的感觉。

　　模型制作也是建筑师们在
设计过程中，常常用来酝酿、
推敲和完善建筑设计创作的一
种手段。对于建筑设计类的学
生来说，也是一项必须尽早掌
握的专业表达技能。

图 4-37 马克笔上色步骤

4.6.1 建筑模型的分类

1）按使用性质分
（1）形体模型（工作模型）
　　主要表现建筑物的形体、体块感，常用于形体设计的推敲阶段。小比例的城市规划模型
也常用这类形体模型。
（2）展示模型
　　主要表现建筑物竣工后的整体效果，常用于建筑方案设计后期的效果展示，以及作某些
重要建筑的陈列展示之用。

2）按制作材料分
（1）块材模型
　　主要材料有：橡皮泥、塑料泡沫（密度要高）等，适用于做形体模型（工作模型）。
（2）板（片）材模型
　　主要材料有：纸质（不同厚度的卡纸、卡板）、木质（三夹板、航模板）、塑料薄板、
有机玻璃板等，适用于做展示模型，同时也可做小比例的形体模型。

4.6.2 建筑模型制作的工具与材料

　　不同材料模型其制作的工具与材料是不一样的。本章节主要介绍较简易的塑料泡沫的形

体模型、纸质卡纸或卡板的展示模型所需要的材料与工具。

1）材料

塑料泡沫块（密度高的塑料泡沫为佳，电视机包装箱内白色泡沫较好），粗孔海绵（做绿化，可染色），各种卡板（1~5mm），胶水等，不同的材质所需要的胶水有所不同，对于上述材料常用的胶水有聚醋酸乙烯乳液和万能胶水，见图4-38。

2）工具

塑料泡沫切割机，美工刀，刻纸刀，45°切纸刀，塑胶垫板等，如图4-39所示。

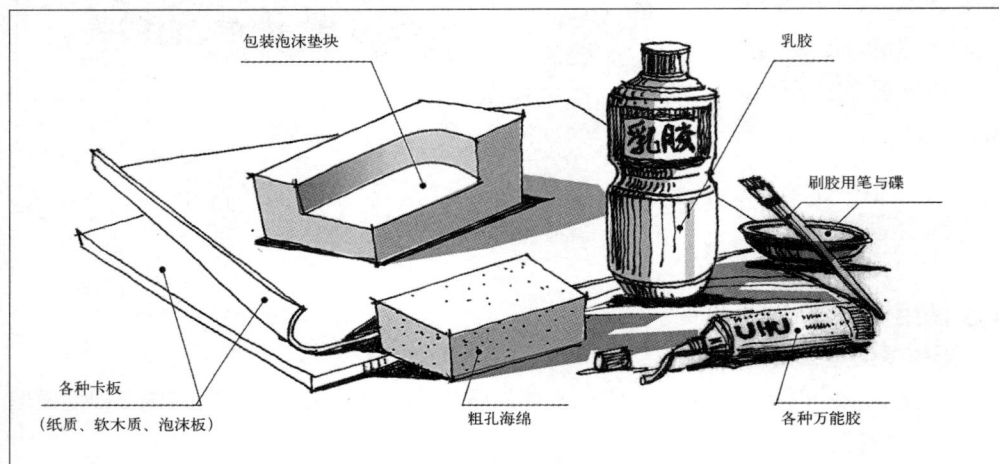

图4-38 形体模型材料

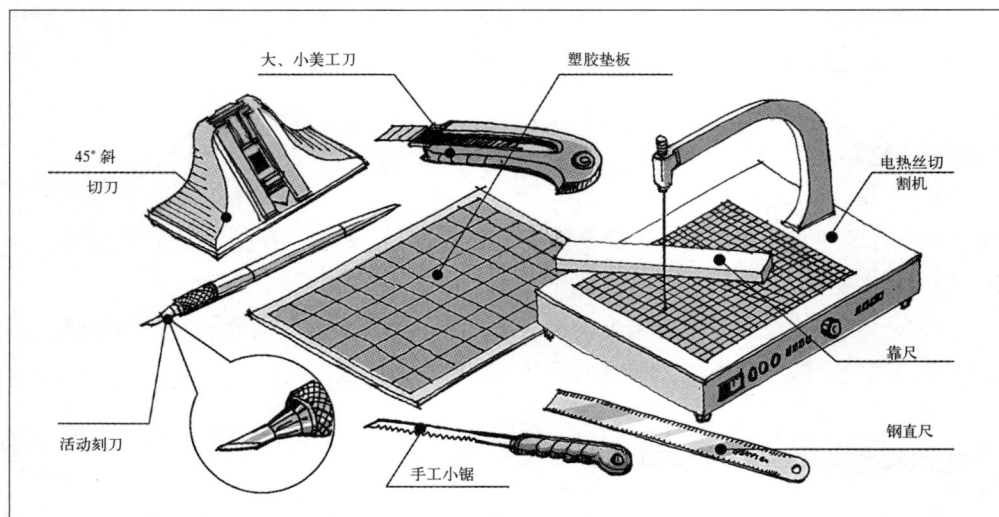

图4-39 简易模型制作常用工具

4.6.3　建筑模型制作基本技法

1）塑料泡沫形体模型基本做法

（1）切割法

找好相应体块的塑料泡沫，根据建筑体形的基本尺寸，在泡沫块表面进行简单的刻画。简单一点的用美工刀进行切割即可，如图 4-40 所示。有条件的可用电热线切割机进行切割。

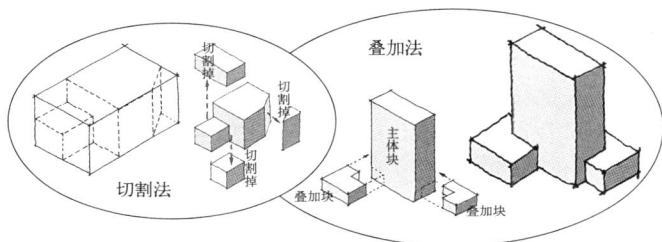

图 4-40　塑料泡沫材质形体模型做法

（2）叠加法

对于形体较复杂的建筑模型，可根据其形体的组合特点，将形体分成若干体块，再进行叠加粘接组合，见图 4-40。

2）纸质卡板模型的基本做法

（1）1 毫米以下厚度（卡纸）的纸质模型，以某坡顶小建筑为例，其制作步骤如图 4-41 所示：

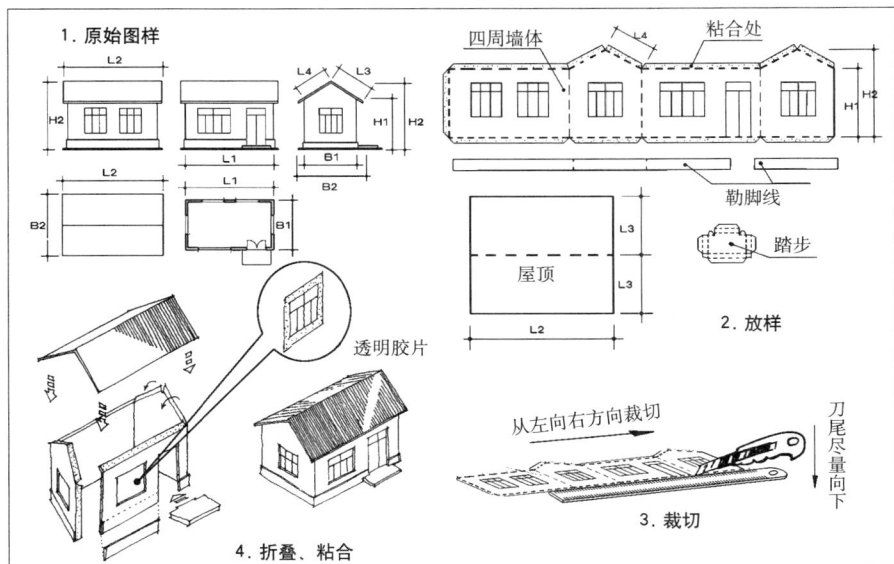

图 4-41　纸质模型制作步骤

注：凡有虚线所画的"阳角"，须轻轻切割一刀，其深度为纸厚的 1/4~1/3，以便折叠。

（2）2~4mm 厚卡板模型

2~4mm 厚卡板模型所用的材料有：纸质、木质、也有塑料板、有机玻璃板。

制作这些较厚的卡板模型，因不能折叠（转折），所以通常需要将建筑物的各个面放样后，独立裁切下来，再进行拼装粘接。

本章节主要介绍纸质卡板模型。纸质或木质卡板，其裁切一般用锋利的美工刀和 45°切刀即可，如密度较高的木质板也可用细齿小锯进行裁切，裁切后视截面情况，进行砂纸打磨光平。

制作步骤：

a. 放样——与 1mm 厚卡纸模型的放样基本相同，但不需要有粘合处和阳角转折虚线；

b. 独立裁切（下料）；

c. 倒角——将裁切下来的各面板，在两块相邻的拼接处进行"倒角"如图 4-42 所示；

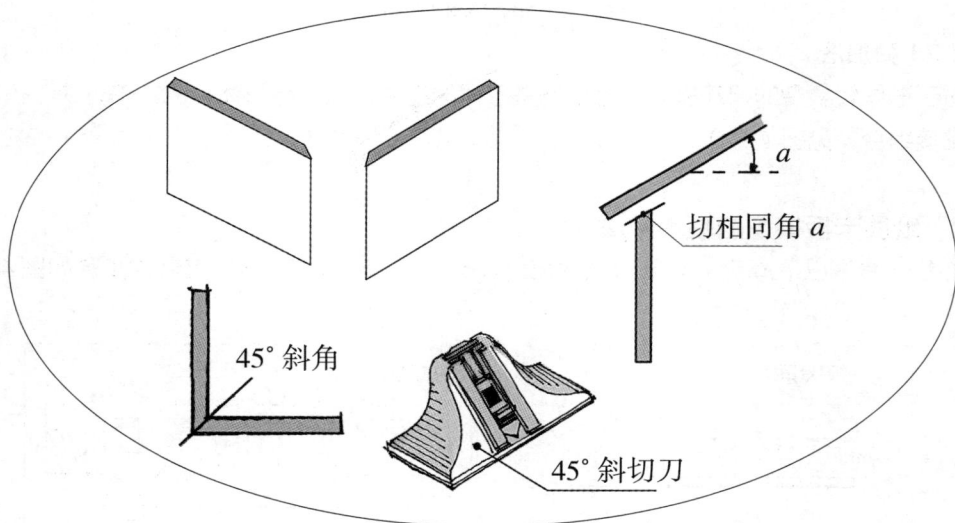

图 4-42 卡板模型倒角示意图

d. 粘结——不同的材质需要不同的胶粘剂，纸质与木质的卡板模型用"UHU"万能胶粘剂即可。

注：如用塑料板或有机玻璃板制作模型，只是裁剪工具会有所不同，其他方法基本相同，也需要"倒角"，但胶粘剂也会有所不同。

学生制作的纸质模型实例，见图 4-43。

3）模型配景的做法

配景的制作也是模型制作中的一部分，适当地配置一些配景能使反映出环境的真实性，

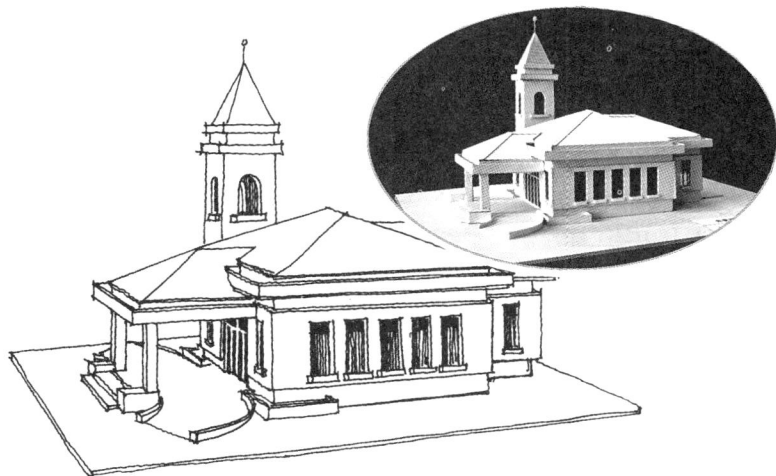

图 4-43 纸质模型实例

同时也反映出建筑的真实尺度感。

较逼真的配景在模型店均有出售，在这里主要介绍一些常用的配景，如绿化、道路、水面等，让学生自己动手做一下，同样能显示出逼真的效果，如图 4-44 所示。

这些纸质模型的配景制作，其材料主要以纸质卡板、白色包装粗孔海绵等一些常见的材料为主。色彩还是与建筑相同，以白色为主，千万不宜是绿化就用绿色，是水面就用蓝色，

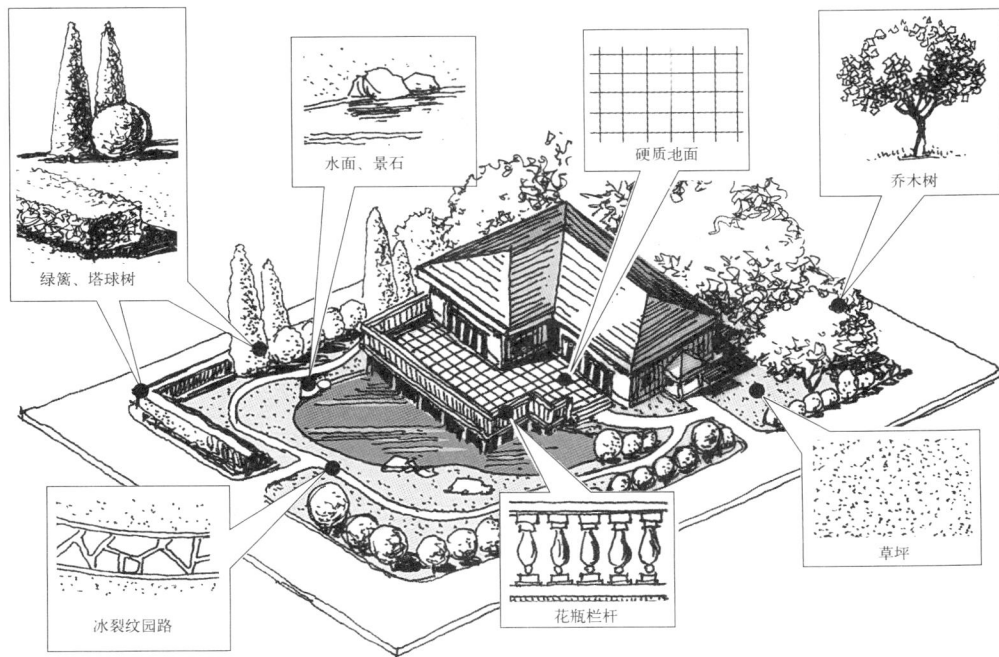

水面、景石

硬质地面

乔木树

绿篱、塔球树

冰裂纹园路

花瓶栏杆

草坪

图 4-44 配景制作

这样会出现与建筑不协调的现象。

对于某些材料的固有色不是白色的，可采用白色广告颜料或亚光自喷漆喷（刷）白。

（1）配景制作的程序

配景制作前首先需要在模型的草坪层上画好模型的总图，分别画出道路、草坪、水面，以及建筑物的基地位置等界线，然后，再分别制作不同的配景。对于不同的配景也会有一个先后制作的问题，一般都先做相对标高最低的那些景物，如水面，一层层地从下往上制作，它们之间的关系可参见图 4-45，程序如下：

水面——应低于地面，因此在基面上根据水面的形状开孔挖去，使水面低于地面；

地面和道路——如总图中有水面，在草坪层下增加 1~2 个垫层，以示道路与水面的高差。

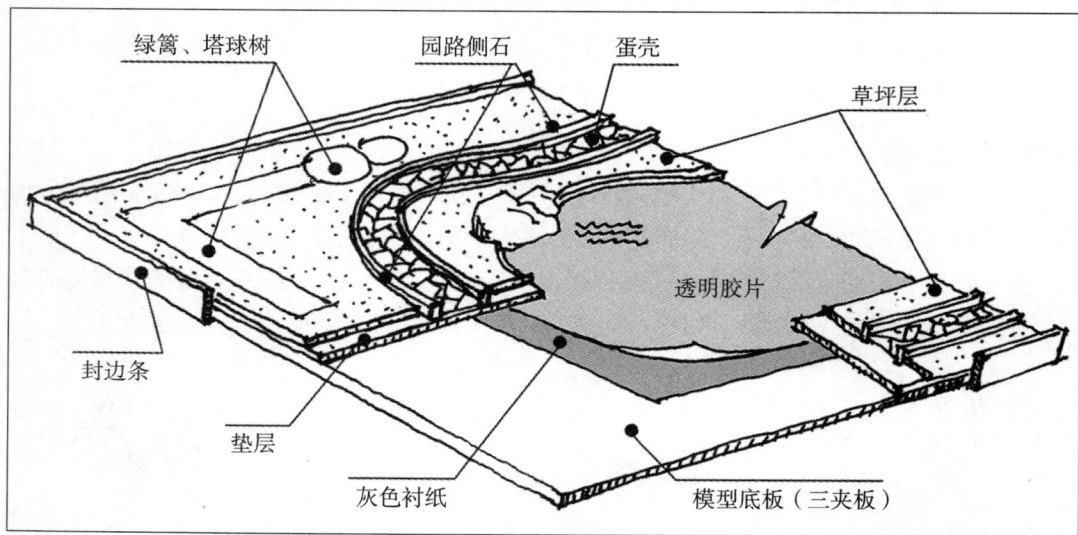

图 4-45 配景制作程序

如有坡地的应先找坡，用卡板层层垫高；

草坪；

草坪上或地面上的其他配景。

（2）常用配景的制作

a. 水面

用材：透明无色胶片和灰色衬纸（不建议蓝色衬纸）。

制作：Ⅰ. 在草坪层上根据所画的水面形状开孔，如需加大地面与水面的高差，可加垫层 1~2 层，并层层开孔挖掉。

Ⅱ. 将浅灰色纸衬于无色胶片下，二者平整地粘贴于基底板下（胶片和灰色纸一定要大于水面界线 2cm），并固定模型底板上（底板可用三夹板或 5 厚纸卡板）。

b. 冰裂纹园路

用材：蛋壳、卡纸

制作：Ⅰ. 根据草坪层上所画好的总图形状及道路的走向图，粘贴 1.5~2mm 宽的卡板条（以示道路边缘的侧石），并在所有绿化与地面的交接处均贴一圈。

Ⅱ. 需要做冰裂纹道路的可将蛋壳剪成 3~5mm 的碎片，并用镊子一片片将蛋壳有序地粘贴到道路内，片与片之间的缝隙是需要剪切的，并保证不通缝。

c. 硬质地面

用材：卡纸

制作：在地面层的基础上，用空圆珠笔芯（或空签字笔芯）划相应的方格面砖即可。

d. 草坪

用材：锯木屑、细砂

制作：Ⅰ. 先把锯木屑用塑料纱窗筛一遍，保证筛后的细小木屑颗粒均匀；

Ⅱ. 操场上的细砂也需要筛一遍，保证颗粒均匀；

Ⅲ. 无论用木屑还是砂粒都必须将其染色，可用白色广告色或白色亚光自喷漆喷（刷）白；

Ⅳ. 在所有的草坪范围内，均匀地涂抹上乳胶（木工用）；

Ⅴ. 将染白的木屑或细砂均匀地撒满在草地范围内，并用手掌压实，待干后，用刷子刷去面层木屑（细砂），一定要平整。

e. 绿篱、塔、球形树

用材：粗孔海绵、白色包装泡沫（密度要高）。

制作：根据相应的比例，用美工刀将其切割成塔形、圆球形和长条形即可。

f. 乔木树

用材：粗孔海绵、包装泡沫、细铜丝。

制作：Ⅰ. 树冠选用粗孔海绵将其剪切成树冠毛坯形，然后将其他多余粗孔海绵剪切成 2 ~ 3mm 的小颗粒，最后用镊子将碎小粒海绵逐一粘贴到树冠毛坯上，如图 4-46 所示。

Ⅱ. 树杆（枝）

i. 可选用细铜丝(漆包线也可),0.5mm 粗4~5根，将其编织在一起（梳辫子一样），树杆在一定高度时进行分叉，分为二股，再进行编织，逐渐再分枝、分叉，单独一根铜丝即为树枝。

ii. 把编织好的树杆，用一根白色棉线或缝纫机线将其整齐地缠绕一遍，缠绕前用胶水将树杆（枝）涂刷一次，以固定外面的棉线。

iii. 将已做好的树冠与树杆连接在一起，并用胶水固定即可。

g. 景石

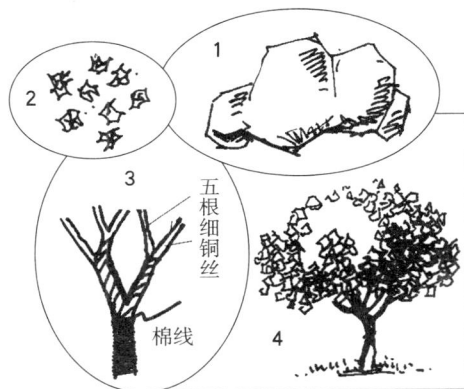

图 4-46 乔木树制作程序

用材：5 ～ 8mm 或 10mm 以上的砂石，可在建筑工地或操场、砂坑边拾取，尽可能选择形状好一些的椭圆形，太光滑的卵石并不好。

制作：Ⅰ. 首先用牙刷洗清石缝中的细砂，用万能胶粘贴在草坪或水边。

Ⅱ. 粘贴时，可以单粒，也可以 2~3 粒粘一起，在水边粘贴时，需要切掉一点水边的高差层，让景石嵌在水面与草坪之间。

h. 花瓶栏杆

用材：木质高级牙签、卡纸。

制作：Ⅰ. 花瓶——利用木质高级牙签上端刻花的部分，其刻花极像花瓶栏杆中的花瓶，选择粗细一致的牙签，整齐地将上端剪下，长短要一致，其长度应基本符合建筑物比例。

Ⅱ. 扶手及花瓶底结构梁——将 1.5 厚卡纸裁切 2mm 宽卡纸条 2 根，分别作为扶手和瓶底结构梁。

Ⅲ. 将整体的花瓶粘贴到扶手与瓶底结构梁固定即可，并整体安装于相应的部位。

4.7　建筑测绘

建筑测绘是"测"与"绘"两部分工作。具体地说，第一部分是对实地建筑的尺寸数据进行观测量取，并根据所得的数据与测量前的草图进行调整处理。第二部分根据调整处理后的结构绘制出测绘图纸并撰写相应的文字报告。

建筑测绘为文物古建和重要的历史建筑的保护与维修，提供了科学的文献资料和技术依据。同时，也为建筑设计前期的调查研究和资料收集提供了必要的技术手段。

建筑测绘对在校的建筑专业学生来讲，也是一项必须掌握的专业知识和专业技能。

4.7.1　建筑测绘的工具

建筑测绘的工具相对而言比较简单，使用也不需要经过专门的学习和培训。它们主要有测量工具、测量辅助工具和绘图工具等，见图 4-47。

4.7.2　建筑测绘的方法

建筑测绘的方法将从测绘工作的分组、分工与调研；草图绘制与现场数据测量，以及测量草图的整理与正图的绘制等三方面讲述。

1. 测量工具
· 皮卷尺（30~50 米）
· 远红外测距仪
· 小钢卷尺（3~7 米）每人一把

2. 测量辅助工具
· 指北针 · 手电筒 · 垂线球
· 梯子 · 高凳 · 直杆
· 工具包和照相机

3. 绘图工具
· 白色绘图纸 · 描图纸 · 坐标纸
· 小图板或写生用画夹
· 各种绘图笔及绘图用品

图 4-47 建筑测绘的工具

1）测绘工作的分组、分工与调研

测绘是一项集体性较强的工作，需要有多个测绘人员的分组、分工的协作，以及测绘前的全面仔细调研。这是准确、高效完成建筑测绘的基本保证。

（1）分组、分工

测绘分组通常以 3~5 人为一组，规模较大的可有 5~8 人为一组，并设组长 1 名。

但组内需要进行分工，每个组员均需要负责某一部分内容的绘制。例如：A 负责建筑平面图与相关大样，B 负责建筑立面图与某大样，C 负责……必须做到有目标地任务落实和有组织地现场协作。

（2）调研

建筑测绘前，还必须要进行对该建筑的全面的调研和了解，包括建造的年代与背景，历史上重大翻修和改扩建情况等等。在此基础上再对建筑现场进行全面勘察，将已知的信息转化为感性认知。

2）草图的绘制与数据的测量

（1）草图的绘制

草图的绘制是开展测绘工作的第一步，根据分工的要求，每个组员都会分别绘制一定数量的徒手草图，其绘制要点如下，见图 4-48：

a. 平面草图的绘制

平面草图的绘制，首先应从外到内地观察建筑物整体与各房间的关系，并确定各房间与相邻墙体间的相互关系和平面位置。在此基础上开始绘制平面草图，按比例绘制墙轴线、墙身线、各门窗位置、各房间与走廊及楼梯之间的关系等。

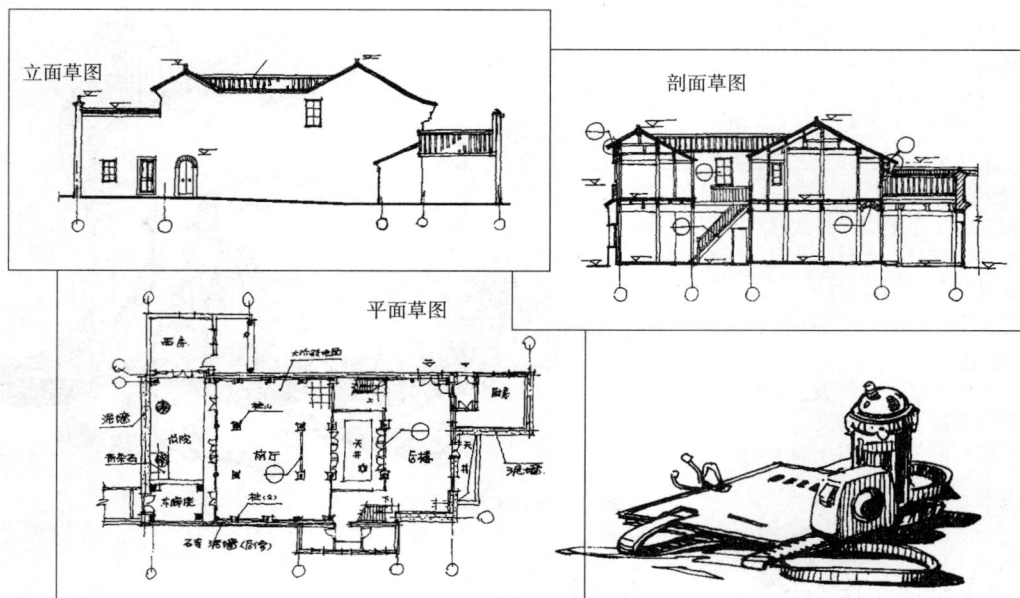

图 4-48 草图的绘制示意图

b. 立面草图的绘制

绘制立面草图时，要先看清建筑立面与平面之间的相互关系，有无局部的转折和弯曲，确定各立面图在平面图中的位置，此时，可按比例绘制各墙体中的门窗、雨篷、柱廊、屋顶等各构件的大小与样式草图。

c. 剖面**草图的绘制**

绘制剖面草图前，必须先理清楚建筑物平面与立面的关系，特别是各构件在垂直方向上的相互关系，如各楼板与墙体的连接；柱子与大梁的连接；屋顶的结构形式等等，基本搞清楚他们之间的相互关系，便可绘制剖面草图，从而清晰地反映房屋内部在垂直向各构件间的相互关系。

d. 大样草图的绘制

大样图的测绘是整个测绘工作中必不可少的一个环节，特别在文物古建和历史保护建筑的测绘中尤其重要。

斗栱、雀替、牛腿、脊饰等构件，在不同的年代都会有不同的做法。要真实地反映出它们原来的面貌，在测绘时通常都会以白描的形式将其临画下来，如图 4-49 所示。同时，拍摄照片加以补充和备份。

绘制所有的测绘草图必须做到一丝不苟，有不清楚的地方需要及时观察与分析，对于某些残缺或不清楚的地方，可用虚线标识出范围并用文字说明以便后期处理，切勿凭主观

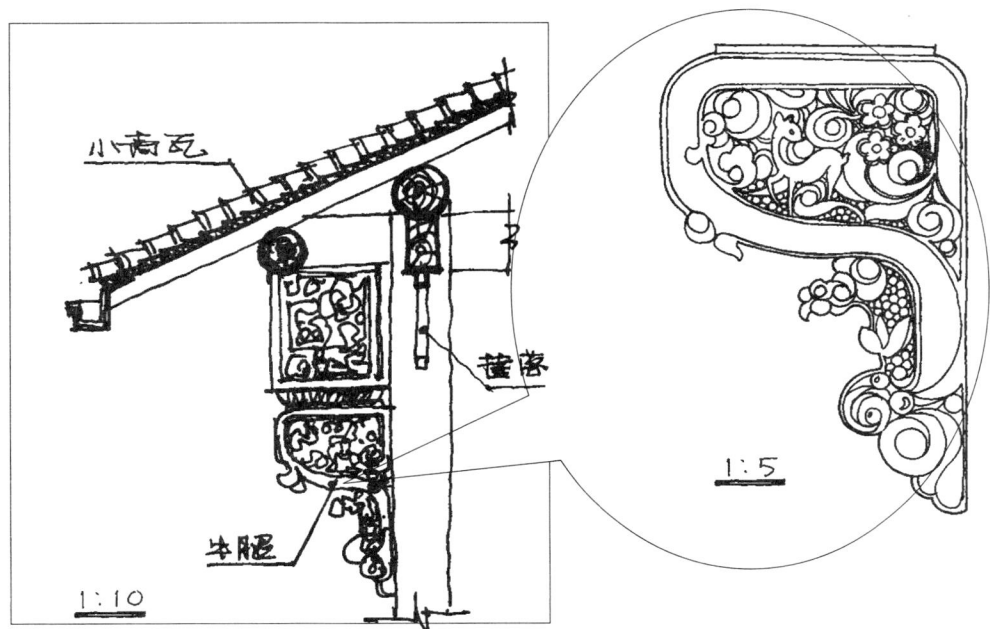

图 4-49 大样草图

想象勾画或含糊过去。否则，对后续的工作会带来严重的错误且失去真实性。

（2）数据的测量

在草图齐备的基础上，即可展开数据的测量，并标注到草图相应的位置，这一工作也需要分工完成，标注数据的人员应是绘制草图的人，以免出现差错。

数据的量取一定要精准，测量工具也必须摆正，或水平或垂直，切忌倾斜。

3）测绘草图的整理与正图的绘制

（1）草图的整理

现场的测绘草图包括数据的标注都是徒手进行的，难免有些地方不太清楚，并且因为测绘草图是绘制正图的重要依据，所以在离开现场前，须对测绘草图进行严格的整理和校对，及时解决图中的错误与误差，确认无误的情况下，方可进入后期的正图绘制工作，包括绘制报告的编写。

（2）正图的绘制

正图绘制过程中必须做到图线的准确表达清晰，尺寸的标注精准无误。

对于无尺寸标注的图形必须标注上图形比例尺，以便于他人查阅使用。

对于一些较复杂的构件或部件，需要绘制一定的局部轴侧图或剖面透视图，以增加构件的形象效果和立体感。

4.8　建筑透视图的基本概念

　　每当我们漫步在高楼林立的大街上，随着观察建筑物的视角与高度的不同，其得到不同的透视效果和不同的透视图，如图 4-50 所示透视图的种类。

　　本章节主要介绍最常用二点透视的基本概念和建筑形体体块的基本作图。有关一点透视、三点透视和鸟瞰透视在后续课程中会有介绍。

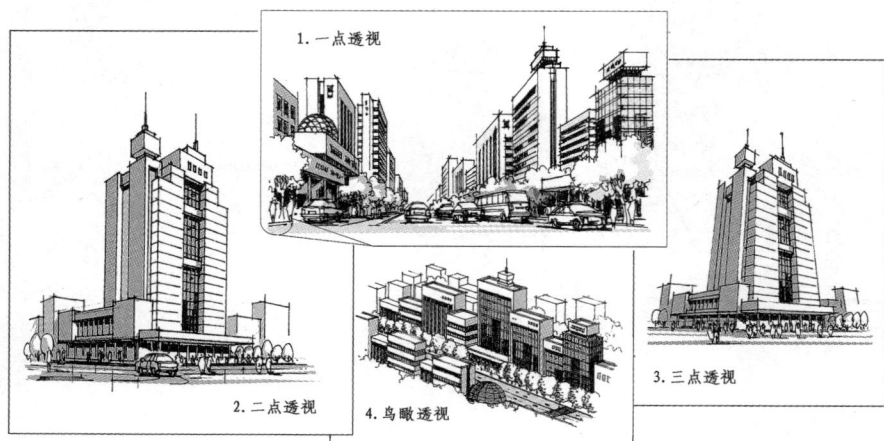

图 4-50 透视图的种类

4.8.1　二点透视

　　二点透视是建筑透视图表现中应用最为广泛，无论建筑形体有多么复杂都可以将复杂形体看成若干个简单几何体所组成，所以，初学者就可以从这些简单的长方体的透视开始，见图4-51。

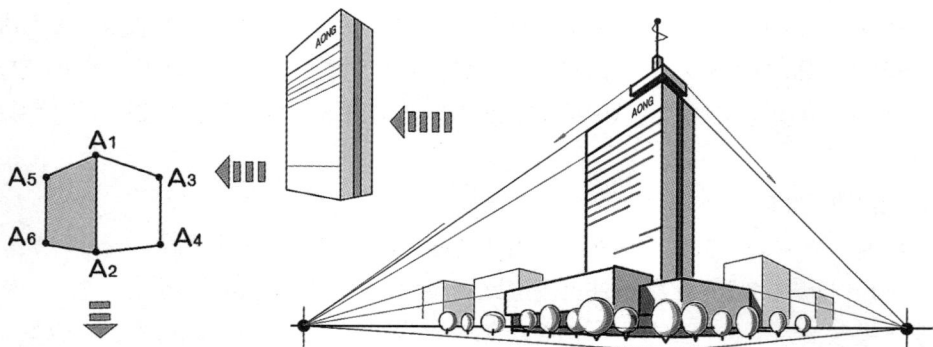

图 4-51 建筑形体

1）建筑透视图的形成

如图 4-52 所示。

2）二点透视投影的特征与规律

（1）特征之一：有两个灭点

投影规律：凡是与画面相交（或延长相交）的线（x，y 两粗线与画面 p 相交）必定会有两个灭点，灭点的位置一定在与其相平行的一条视线并且与视平线相交的位置上，如图 4-51、图 4-52 所示。

（2）特征之二：近大远小，只有与画面相交后的线才能反映真实高度。

投影规律：所有画面相交的线只有与画面相交或延长相交时，其交点至基线的垂直距离反映真高，这条距离线称之真高线，如图 4-51 中反映的真高线。

（3）特征之三：视线确定界线（面）。

投影规律：利用视线平面图确定建筑物各部件（如门窗、阳台等）透视中的界线（面）。如图 4-53 所示。

3）灭点的规律

如图 4-54 所示，上图为某一公路两侧均有行道树的透视图，下图为公路、行道树以及透视站点的平面示意图。

当确定站点后，从观察第一棵树至观察无穷远的树时，不难发现其观察角度发生了很大的变化，当观察到无穷远时我们的视线已与行道树所在的直线相平行。该平行视线与视平线相交的点即为行道树的灭点，由此得出：灭点的位置一定在与其相平行的一条视线并且与视平线相交的位置上。

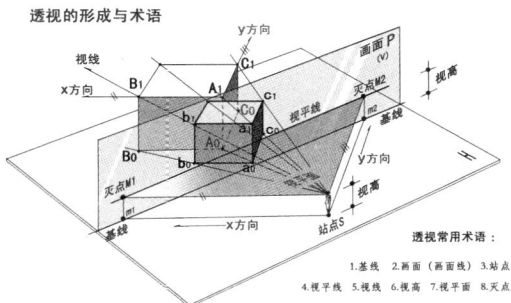

图 4-52 透视图的形成

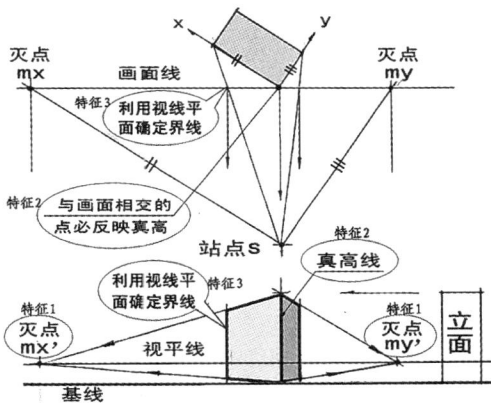

图 4-53 二点透视的特征与投影规律

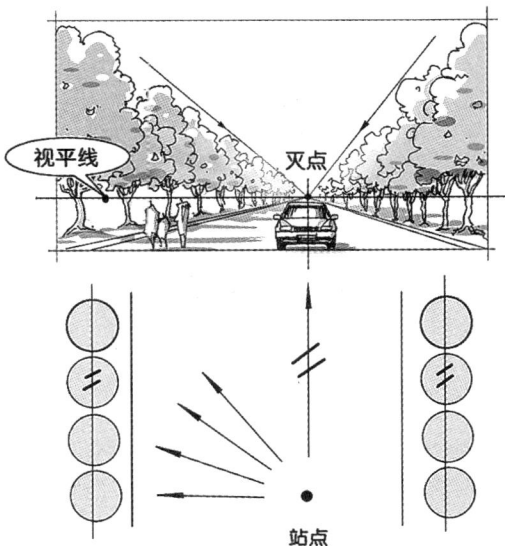

图 4-54 透视灭点的规律

4.8.2　建筑体块透视的基本作图

无论多么复杂的建筑形体，都可以分解成若干简单的建筑体块，在此章节中主要介绍最基本的长方形体块和三角形体块的基本作图，如图4-55所示。在建筑制图课程中还会详细介绍作图的原理和方法。

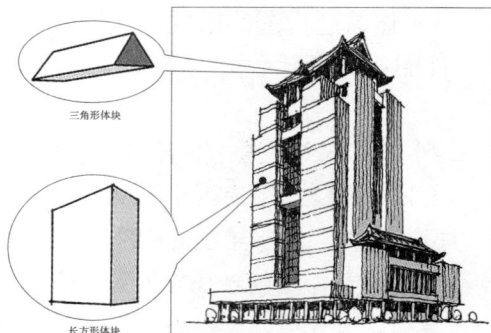
图4-55 常见的建筑形体体块

1）长方形体块的基本作图

已知：站点 S、视平线 H、基线 L、画面线 p、长方体立面图。

（1）**求灭点**（见图4-56中①②的作图程序）。

a. 过站点 s 分别作 ab、bc 的平行线与画面线相交，得 mx、my 即为 x 方向线和 y 方向线灭点的平面位置（参见步骤①）。

b. 过 mx 和 my 向下作垂线与画面中的视平线相交得 mx' 和 my'，即透视图中 x、y 两方向线左右两灭点（参见步骤②）。

（2）**确定真高**（见图4-57中③④的作图程序）。

图中所示的 bb_0 已与画面线相交（凡是画面相交的线均为真高线反映真高）。

a. 过 b 点往下引入与基线相交得 b_0'（参见步骤③）。

b. 从右侧形体立面图中引入真高得 $b'b_0$ 真高线（参见步骤④）。

c. $b'b_0'$ 即为真高线反映真高。

（3）**求体块主次面透视**（见图4-58⑤⑥⑦⑧的作图程序）。

a. 利用视线平面作图，求得 aa_0 和 cc_0 两边界线的平面位置，过站点 s，分别于 a、c 相连并与画面线相交，得 k、k_1 两点（参见步骤⑤），该两点即为两边界在建筑中的

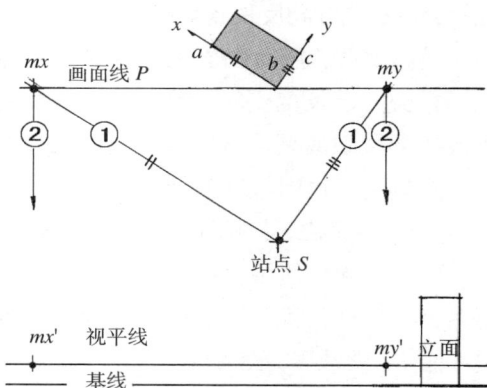
图4-56 求灭点

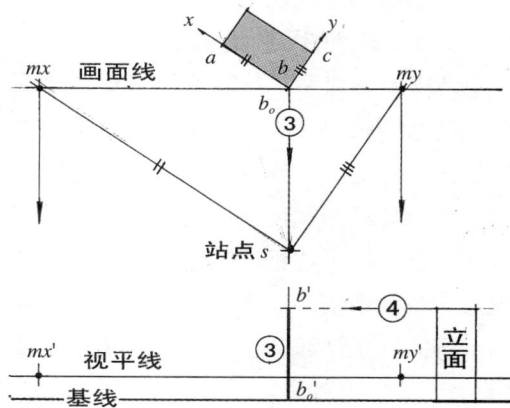
图4-57 确定真高

平面位置，并垂直引入透视画面中（参见步骤⑥），如图 4-58 所示。

b. 过真高线 $b'b_0'$，分别向左右两灭点消失（参见步骤⑦⑧），并与 k、k_0 的垂直线相交得 $a'a_0'$ 和 $c'c_0'$。将透视画面的 $a'b'a_0'b_0'c_0'c'$ 各点相连即为长方体透视。

2）三角形坡屋顶体块基本作图

在原长方体的基础上加三角形屋顶其作图如下（长方体不再重复），如图 4-59、图 4-60。

a. 求屋脊 DF 在透视中的位置，见顺序①②并引入透视画面中。

b. 量取屋脊真高至真高线③得 b_3' 并向 my 方向线消失④得 d' 。

c. 图中 $d'b'c'$ 即为三角形屋面的侧面透视。

d. 过 d' 向 ma' 方向灭点消失⑤得 d' 、f 两点即为屋脊透视，再将透视图中 $d'f'a'b'c'd'$ 各点相连即为三角形屋面的透视。

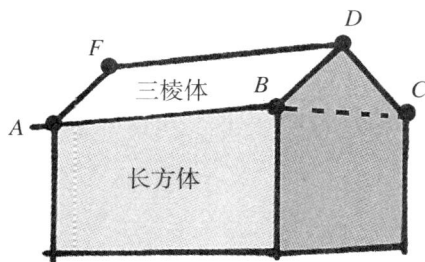

图 4-59　坡屋顶体块

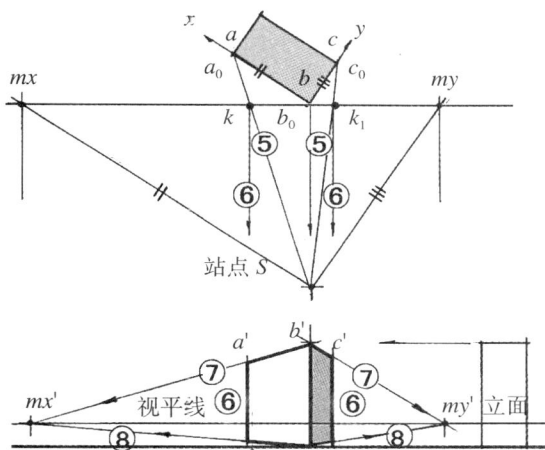

图 4-58　体块两个面的透视

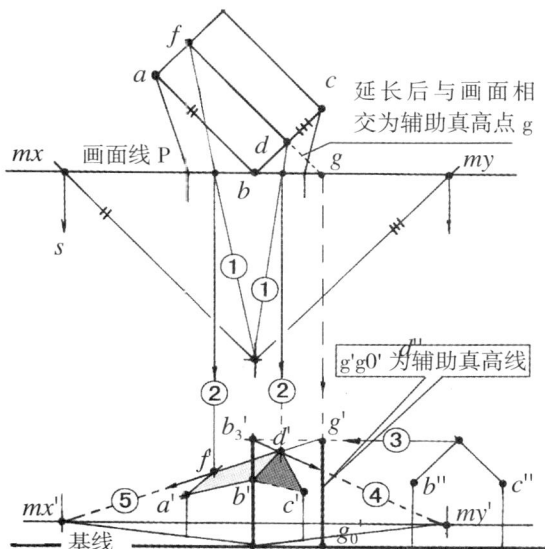

图 4-60　三角形体块的基本作图

第5章 Introduction to Architectural Design
建筑设计入门

建筑设计是专业课程最重要的组成部分，要做好建筑设计必须深入了解与认识建筑设计的各方面知识与理论，与此同时，科学的设计方法和工作方法，对于设计的好坏，方案的成败，有着较大的影响。本章将从初学者的角度，对建筑设计方法进行探讨。

5.1 建筑设计特点与基本要求

5.1.1 建筑设计的特点

1）逻辑性

建筑设计从一个小小的灵感和构思出发，通过思维的判断、推理和组合形成复杂的建筑功能布局，并通过三维的逻辑构思将平面、空间、造型三者很好地融合在一起。因此，设计功能合理、空间丰富、造型优美的建筑离不开一个良好的思维逻辑。

2）创造性

建筑是建筑物内部功能和个性的外在体现。它必须合理地解决其内部复杂的功能布局，满足业主各方面的需求，体现建筑的个性，并在一定程度上反映出设计者本身的构思倾向与喜好。所以每一栋建筑都是独一无二的，其同美术绘画与雕刻一样，具有创造性。

3）综合性

建筑学是一门综合性较强的学科，具有科学与艺术结合、理工与人文结合的特点。建筑设计是场所、环境、空间、技术、结构、构造、设备等等相关技术的综合协调，要求设计者知识面广泛，有较强的形象思维能力。

4）过程性

建筑设计是一个反复推敲的过程，从拿到任务书开始，建筑师就需要同甲方多次沟通，反复勘察地形与环境；在设计构思和立意确定的基础上，又要对建筑的平面、立面、造型进行推敲对比，从而形成较为合理美观的建筑方案。除此之外，其又得根据结构、构造、室内布局等因素进行进一步的修改。整个建筑设计过程是循序渐进的，具有很强的过程性。

5.1.2　建筑方案设计的基本要求

1）形式与功能并重

形式与功能两者是相辅相成的统一体，建筑形式应以建筑功能为依据，建筑功能通过形式来实现。设计手法中可能有"先功能"、"先形式"两种方式，即在设计构思过程中有时候以功能为主导，有时候则以形式为主导。但无论哪种方式都有利有弊，都需在设计过程中均衡二者关系，在满足功能的基础上做到形式美的最大化；或者在形式美的基础上，使得功能最合理。

2）提高个人修养

一名优秀的建筑师必须具有各方面的修养。首先要有深厚的理论修养，具有美学、历史文化、结构、构造等理论知识；并有一定的艺术修养，具有艺术鉴赏能力和创造能力。此外，还要有职业道德和责任心，有批评与自我批评的修养，有脚踏实地的工作作风，有全局概念和解决局部问题的能力。建筑师的自我修养是永无止境的，是需要一生不断地追求与探索的。同学们需要通过大量书籍的阅读，遵循实践、认识、再实践、再认识的过程来提高自己各方面的修养。

3）提倡交流与学习

在设计与学习的过程中需要鼓励学生多交流、多提问。学生之间交流可以激发思维的火花，使设计更具创新性；每个人的观点和角度不同，通过交流能够更加全面地发现问题和认知问题。同时，提倡学生和老师之间的交流与沟通，便于深化课堂教学内容，加强理论吸收。教师可凭借着实践经验与学生互动，从而提高方案整体设计深度。

4）合理安排设计进程

建筑设计比较特殊，一个设计周期比较长，需要进行合理安排。设计前期是方案构思与反复推敲的过程，是一个弹性的设计过程，一般要占用设计周期 3/5 的时间；后期是方案完善和表达时间，一般要占用设计周期 2/5 的时间。由于设计前期时间较长，学生常常会出现设计拖拉不按要求进度完成，或者屡屡推翻原有方案，使设计方案无法深化的现象，这些都会导致设计周期前松后紧的情况，会影响原有方案的进度，是不可取的。为了确保方案设计的质量和水平，系统、全面、科学地安排课程设计各阶段的时间是很有必要的。

5.2 建筑方案设计方法

方案设计是建筑设计最主要的部分，是一个方案从无到有的过程，可以简单地划分为四个阶段：准备阶段、构思阶段、优化阶段和表达阶段。

5.2.1 设计准备

拿到项目或设计任务书后，设计人员首先应当完成的工作是设计准备，了解设计项目的内容、性质、使用者需求；并对周边环境进行勘察，熟识项目所在地方的人文、建筑特色。整个设计准备阶段为方案构思打下基础，是设计构思的前提。

1）环境要求

通过对建筑周边环境的了解，熟识制约建筑设计的因素。环境要求包括地理环境、人文环境、城市规划设计条件等三个方面。地理环境为基地所在位置、地质条件，基地与周边道路、建筑之间的关系，基地的采光、日照、通风，基地周边景观等。人文环境主要是基地所在城市的地方风貌、建筑特色、人文气息等。城市规划设计条件包含城市限高、容积率、绿地率、停车量、人防需求等等。

例如，我们从地理环境的角度，对茶室设计环境要求进行分析，见图5-1。基地为公园中的小茶室，其北临园路，西南临湖景，从所处地形中分析得出，西南侧为景观较好的地段，且朝向较好，宜布置餐饮区；基地东侧则宜布置对景观无要求的餐辅及办公空间。从流线上讲，茶室至少开设客流与货流各一个出入口，且只能开于北侧园路之上，并宜东西分设。

2）功能要求

包括空间属性和空间功能关系两个方面。空间属性：大小、位置关系、设施要求、环境需求、空间私密和开放程度。空间功能关系：分区、流线。

下面我们以茶室为例进行分析，茶室为我们所熟知的建筑，收银（前台）、门厅、营业大厅为主要公共开放空间，要求靠近建筑的主入口，有良好的采光和景观。卫生间、服务用房（包括供水、开水消毒、库房等）、管理用房等为茶室的辅助空间，有一定的私密性，但需要与主要空间之间有直接的联系，能为主要空间提供服务。其中，卫生间宜按对内对外需

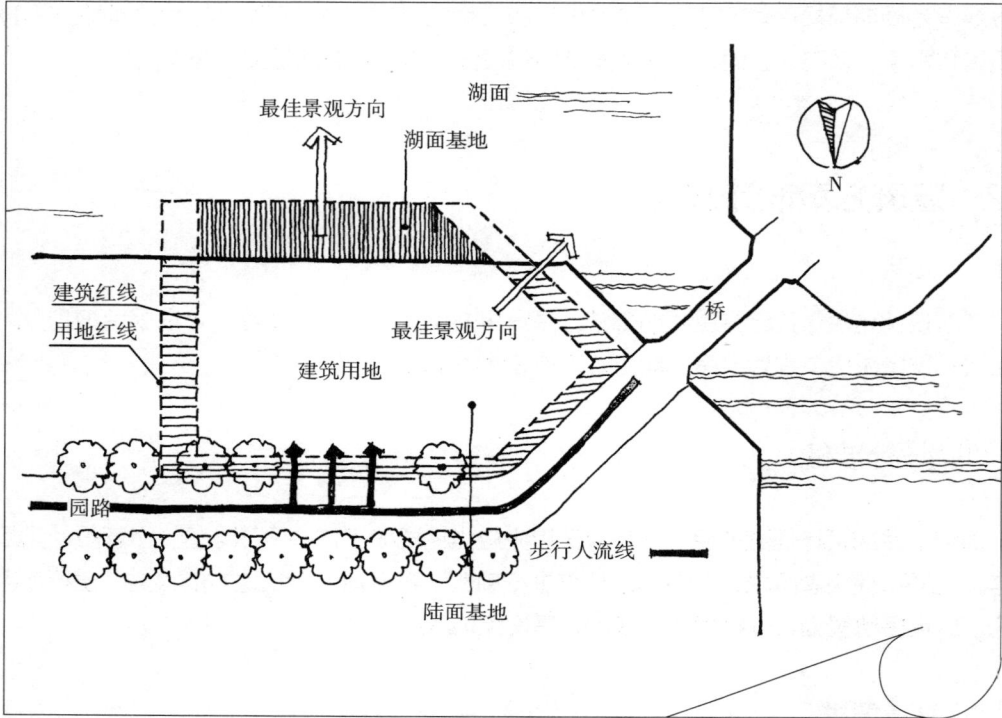

图 5-1 茶室地理环境分析图

求分设，但对于规模较小的茶室，可合二为一，但设计时要从对内，对外两个角度对其流线、位置进行考虑。茶室各功能空间之间是相互联系的，构成一个统一的整体（图 5-2、图 5-3）。

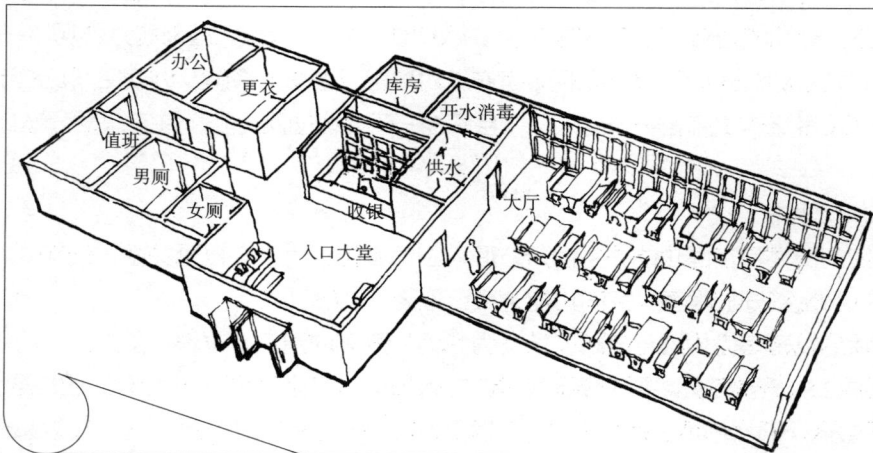

图 5-2 茶室空间立体图

3）形式要求

建筑的形式是建筑功能的外在体现。首先
建筑的形式要能体现建筑功能、建筑类型特点。
不同的建筑会有不同的建筑形式，体现出不同
的个性特征。如，上例中的茶室设计，茶室建
筑属于休闲类建筑，其建筑造型宜轻松活泼，
再加上茶室建筑一般建设在风景比较好的园林
或景点，故其形体设计要考虑到"看"与"被
看"的设计要求，在茶室设计中我们往往会借
鉴园林设计的手法进行设计。

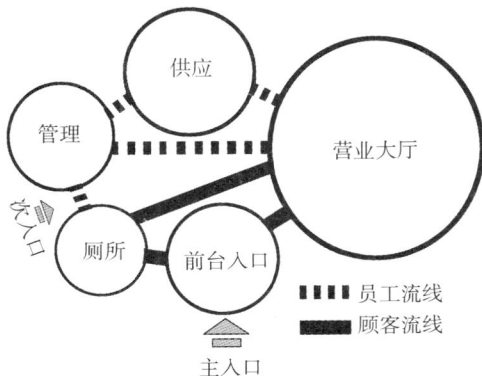
图 5-3 茶室功能流线图

4）经济技术指标

经济技术要求是对技术指标、建筑结构类型、投资规模的界定。对于初学者来说主要控制
经济指标，主要包括：建设用地面积、总建筑面积、建筑面积、基地面积、建筑密度、建筑容
积率、绿化率、日照间距、建筑高度、建筑层数、停车位等。如，实例中的茶室设计，其经济
指标将对整个建筑设计进行控制与约束，对建筑设计产生重要影响。

5）资料的调研与收集

实地调研，即对相同类型的建筑进行实地调研，通过参观、速写、拍照、丈量，对已有
建筑的功能组合、空间形式、外观造型进行了解与研究，是帮助初学学生了解该类型建筑，
从而建立设计概念最主要直观的方法。

资料收集，即对相关设计规范和优秀图文的收集。这是一个循序渐进的过程，通过熟识
相关的规范，研究各类优秀图纸设计手法、思考角度，提高专业修养，为以后的设计打好基础。

5.2.2　方案构思

方案构思是建筑设计中最主要的环节之一，建筑教育的根本在于培养学生的构思能力，
没有好的设计构思不可能产生优秀的设计作品。其包括方案设计理念、方案构思两个方面。

1）方案的设计理念

方案设计的理念，它是方案设计的一种指导思想，一种原则和一种境界的追求，对于不
同的建筑类型，环境条件，经济技术等因素等，都会产生不同的设计理念。

一个优秀的建筑作品都会有一个明确的设计理念，如图 5-4 所示，巴黎卢浮宫扩建工
程由贝聿铭建筑大师主持设计。扩建工程较为庞大，有剧场、餐厅、商场、停车场等，为不

图 5-4 卢浮宫

影响原有的卢浮宫建筑，以及保护原有建筑的历史文化地位，设计者前后花了 4 个月的时间，不停地前往卢浮宫调研和寻找灵感，最终以生态化的地下建筑方式完美地解决问题，"保护原有建筑及历史文化"这便是扩建工程最大设计理念。庞大的扩建工程只是在广场中央露出了玻璃金字塔采光井，保留了旧建筑群体原有的空间氛围，璀璨晶莹的玻璃金字塔全部采用钢结构和玻璃，通透精致，在展现技术美的同时，又很好地建立了新旧建筑间的对话。

　　又如图 5-5 所示的北京西客站，1996 年落成，当时为亚洲最大规模的集铁路、地铁、

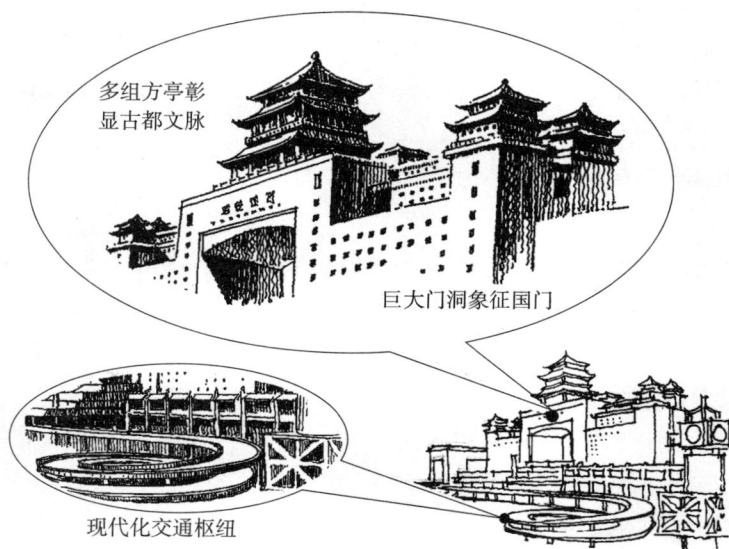

多组方亭彰
显古都文脉

巨大门洞象征国门

现代化交通枢纽

图 5-5 北京西客站

公交、通信、邮政、商业、服务为一体的大型现代化、多功能、综合性的交通枢纽站房，总面积有 180 万 m²。

随着改革开放的不断深入，国民经济日益增强，地处北京的交通枢纽，北京西站又是我国对外进出的第一大门，它的落成将直接反映我国的国力水平，以及对外形象。因而创建亚洲一流的交通枢纽，传承中国古典文化，彰显古都文脉，便成了该建筑的设计理念。

再如图 5-6 所示，位于黄海之滨的刘公岛上的甲午海战纪念馆，由我国著名建筑大师彭一刚先生主持设计。甲午海战纪念馆的设计并没有追求一般纪念性建筑所遵循的"庄严、

图 5-6 甲午海战纪念馆

高大、宏伟"等理念，它需要的是更高的艺术感染力。

甲午海战震惊世界，虽然全军覆灭，但北洋水军将士奋不顾身浴血奋战的英雄气概，以及那段丧权辱国的悲壮历史绝不能忘记。这种英雄气概，这一悲惨的历史和壮烈的场面，必须在建筑中得到再现，这就是该建筑设计最高境界的追求，也正是该建筑方案设计的理念。

严格地讲，在现实中方案设计的理念是存在着基本和高级两个层次，前者是以指导设计满足与适应环境的基本目的，而后者，则是在此基础上，对设计对象作深层次的分析、理解和把握，以谋求塑造更深层次，更高境界的建筑形象为目的。

对于初学者来说，不应把设计理念定于高级层次。因为一个良好的设计理念，是需要有多方面知识经验的沉积与积累，初学者还不具备这样的条件。根据设计任务全面分析，把握好环境特点，平面功能以及建筑类型特征等关系，完成设计的全过程，这可能是初学者最需要的。然后，随着年级的升高，逐渐地由基本的向高级的层级转变。

2）方案的构思

当一个设计理念基本确定以后，无论是基本的还是高级的，随之都会有一个方案构思的过程，这是一个高度集中的思维活动过程，是集建筑设计多因素、多矛盾、多要求于一体的综合思考、分析、认识、筛选和探索的过程。同一个设计理念，其不同的构思切入点，所产生出来的构思方案也会截然不同。因为在方案构思的创造过程中，它会受到多种因素的影响和制约。有内因，也有外因，其内因涉及设计者的哲学观、建筑观、思想方法、专业水准以及建筑创作的能力和表现功力等。外因涉及当时社会的政治、经济、建筑技术、时代风尚等等因素。

再以甲午海战纪念馆为例，如图 5-7 所示，设计理念已确定，如何来体现和表达这个设计理念，当时的设计创作人员中肯定会有很多构思和想法，并产生出不同的方案构思。但彭一刚先生所主持设计的纪念馆却以"再现"、"英雄气概"和"悲壮场面"为该方案构思的关键词。如何将这些关键词反映到砖石、钢筋混凝土的建筑中去？这又是该方案构思设计中需要不断探索和追求的。

从总体选址到平面布局，以及外形的塑造，设计者们进行了一系列的推敲和探索，最终以"象征与隐喻"的构思手法，将建筑整体以相互穿插撞击的船舰为形态，悬浮在海滩之上。建筑的西南角，也正是纪念馆的入口处，昂然屹立一尊 15 米高的巨大雕像，手持望远镜，斗篷随风飘扬，凝目眺望，万里海疆，预示着一场恶战即将开始，展现出北洋将士可歌可泣的大无畏英雄气概。为了进一步再现海战的悲壮场面，设计者巧妙地利用直达二层的斜向台阶，使"船身"产生断裂感，以及船头桅杆的折断，隐喻着"船体即将倾覆，壮士为国捐躯"的悲壮意境（图 5-7）。

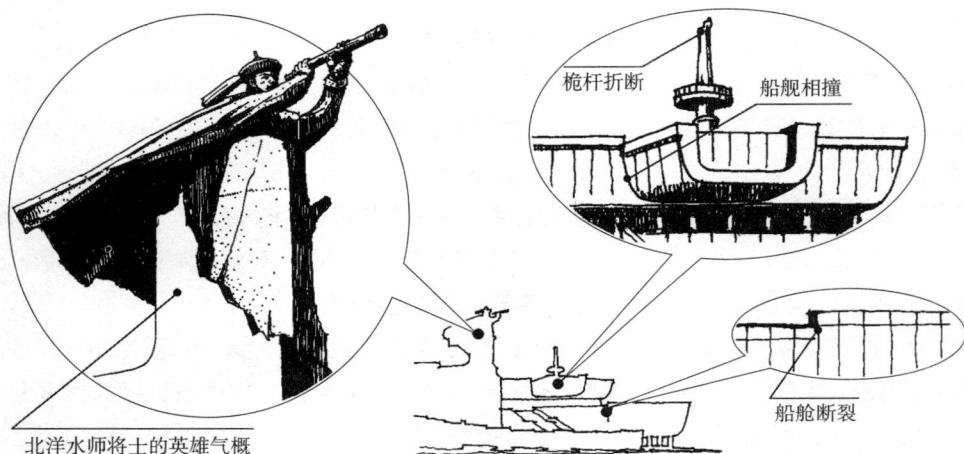

桅杆折断   船舰相撞

船舱断裂

北洋水师将士的英雄气概

图 5-7 甲午海战纪念馆设计细部

　　甲午海战纪念馆的设计，达到了建筑与环境、功能与外观、创意与表达的有机结合，它的落成也成为建筑创作设计的典范。

　　一个成功的创作构思，它是建筑师全面细致、深入地对建筑设计各因素进行分析、调研、再分析的结果，最终通过以下几种方式的构思使其得以真正地实现，如图5-8中不同的构思特征

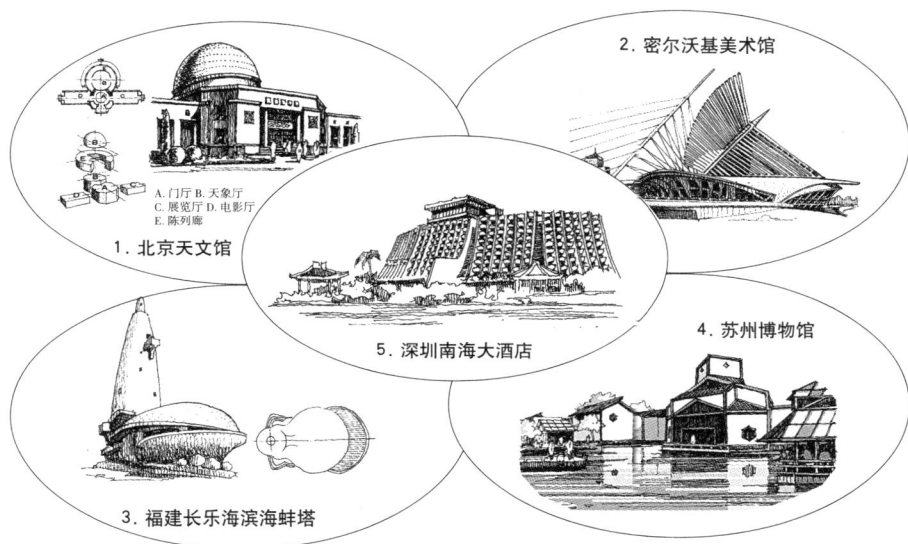

图 5-8 不同的构思特征

　　（1）反映内部功能与造型特征的构思，如北京天文馆等；

　　（2）反映建筑结构及施工技术的构思，如密尔沃基美术馆等；

　　（3）反映一定象征与隐喻特征的构思，如福建长乐海滨海蚌塔等；

　　（4）反映不同地域与文脉特征的构思，如苏州博物馆等；

　　（5）反映基地环境与群体布局的构思，如深圳南海大酒店等。

　　其实不同的构思特征还有很多，这里只作简单的介绍。随着年级的升高，这些方案设计的构思思路还将进一步深入、展开和探索，以满足建筑使用功能和环境要求为基本目的，逐步向高级层次发展。

5.2.3　方案优化

1）多方案的比较

　　方案构思确定后，要对方案继续优化，以便方案进一步落实。方案优化最好的方法就是

多方案比较。建筑设计没有明确性和唯一性，不同设计者的设计方案侧重点会有不同，可借助方案之间的比较优化建筑设计。

在方案设计的过程中要遵循以下原则：方案设计必须满足以功能与环境为基础，不是方案越多越好，偏离功能与环境，方案会变得毫无意义；每个方案都应该有自己的独到之处，通过整体布局、形式营造等多角度、多方面来实现其丰富性。

多方案设计完成后，需通过分析与综合来选择和优化方案。要注意几点：首先，要以满足设计要求为前提，能满足建筑功能、流线、环境等需求；其次，设计要有一定的特色性、创造性，优秀的设计应该是富有个性的、优美的、动人的；最后，每个方案都有自己的优点和缺点，方案修改的可能性也很重要。如，茶室设计中，外部顾客流线和内部操作流线二者不能混合与交叉，若没解决好这个问题，就不能算是一个好的方案。这种方案综合要以方案优化为原则，在选择、修改的过程中，既要延续原有方案的特点和优势，又要防止留下隐患。

实例分析：以茶室作为实例进行比较分析

方案A，图5-9，方案采用"一字形"布局，办公部分在基地东侧，饮茶空间在基地西侧，

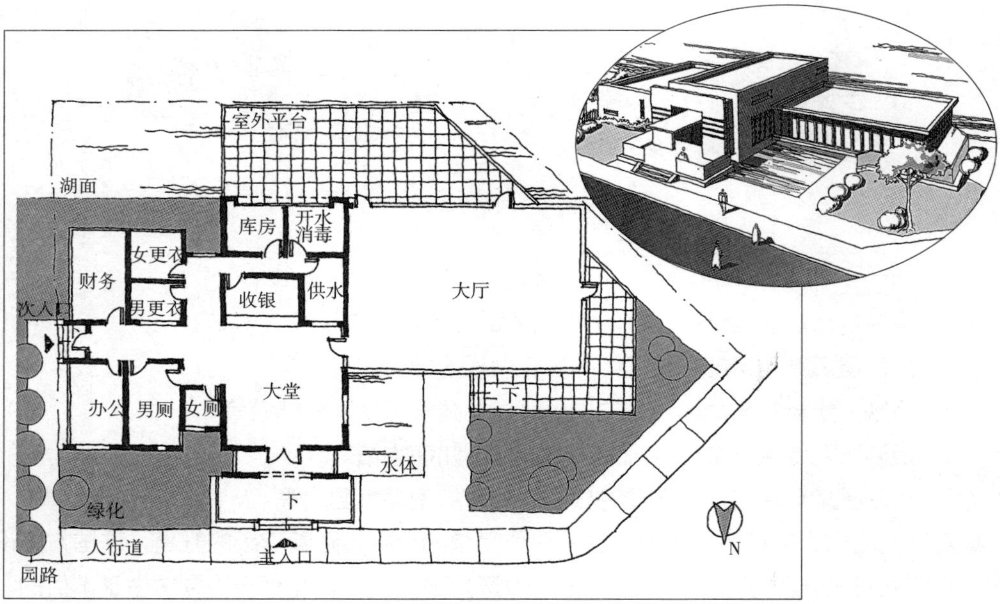

图5-9 方案A平面与透视图

并由入口大厅将其二者有机地结合在一起，与基地周边环境契合，并合理地进行了功能分区，流线清晰。内部流线采用简洁的十字穿插形布局，使得其办公流线紧凑短捷，饮茶大厅空间统一完整，入口大堂突出醒目。但方案中也存在一些问题，比如，对于茶室建筑来说其建筑形体略为简单，建筑内部空间单一，缺少茶室应有的观赏性和趣味性。

　　方案 B，图 5-10，方案采用"回字形"布局，其布局形式最大限度地利用了基地，并与地形契合。同样办公与饮茶空间东西布局，入口大堂穿插其中，功能分区明确；围合形建

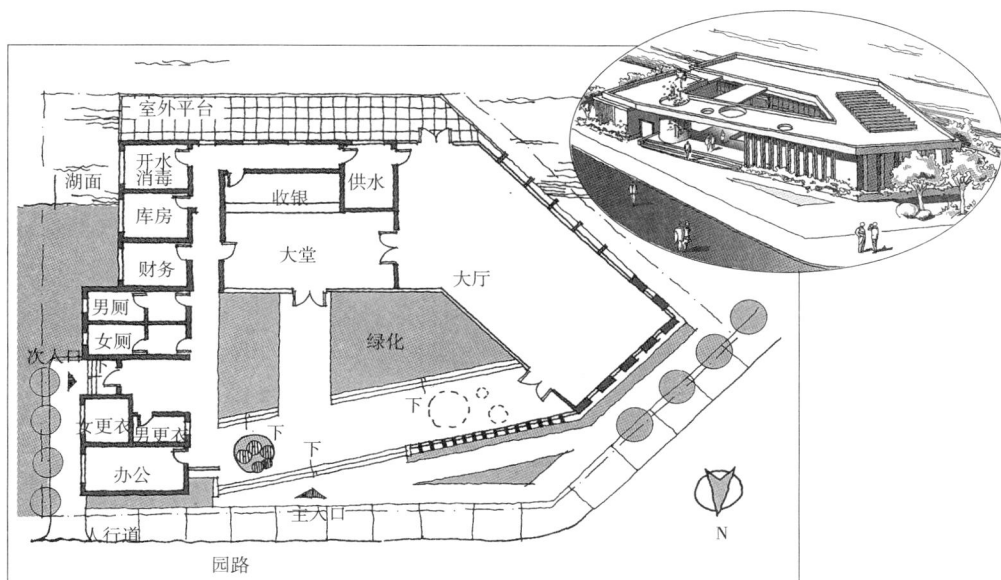

图 5-10 方案 B 平面与透视图

筑形体，营造了一个内部庭院，使其建筑内部空间丰富，有较强的趣味性。但送餐流线略显狭长。虽然建筑内部空间丰富，但入口大堂过于隐蔽，其标示性不强。

　　方案 C，图 5-11，建筑采用自由布局的形式，建筑功能分区明确，西南侧的茶厅部分应

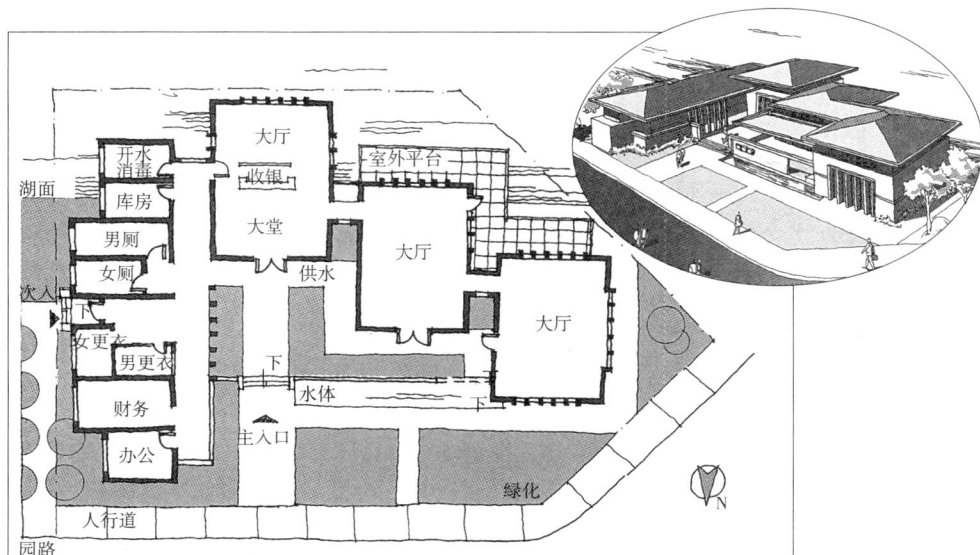

图 5-11 方案 C 平面与透视图

用韵律手法，三个一组形成有节奏、有趣味的排列方式，建筑内外空间丰富。但该方案也存在不足，布局过于分散，利用率不高，大大增加了送餐流线，入口大堂也不够醒目。

2）方案的调整

方案调整是对所选方案的优化和补充，虽然通过多方案比较选出了最佳方案，但是设计还处在想法阶段，线条粗犷，必须对方案进行调整，使原有构思优点得以落实和提升。方案调整的内容包括：

（1）完善建筑功能，确定各功能空间大小，调整功能空间关系，绘制更为细致的建筑平面；

（2）推敲建筑空间，营造丰富的建筑空间环境，增加空间特性，建立室内外空间交流；

（3）深化设计造型，在平面设计的基础上，推敲建筑立面，分析三维效果，完善建筑的形象设计；

（4）强化环境关系，研究深化周边道路、景观、建筑与设计之间的关系，完成较为详细的总平面图设计；

（5）考虑结构设备技术要求，进行材料的选择运用，以及建筑结构、构造、设备的初步设计。

实例分析：

根据茶室A、B、C各个方案中的优缺点进行全面综合与调整，在A、C方案的基础上，整合设计形成方案D，如图5-12所示。

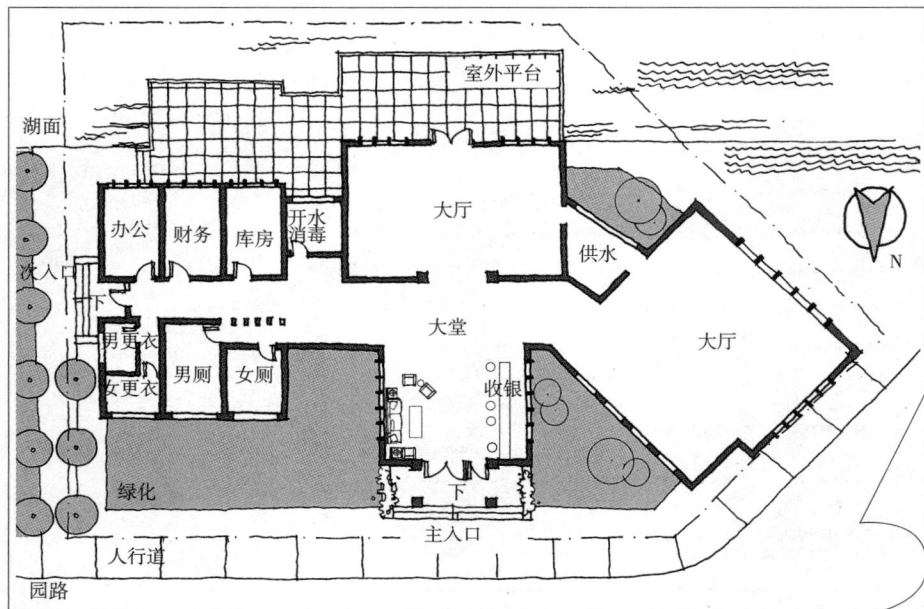

图5-12 方案D平面图

对其办公部分的流线进行了修改，使得办公部分更加紧凑，功能分区明确；设计将方案C南侧的三个茶室大堂空间整合成为一个大的用餐空间，通过外部建筑形体的凹凸变化，延续原方案造型上的节奏感与韵律感，并使得建筑内外部空间丰富，有趣味性；在饮茶大厅中增设供水小间，大大减短了供餐流线。

3）方案的深化

方案深化在方案功能空间、交通流线、总体布局基本确定的基础上，对方案进行完善。深化过程是从大到小，从概念到量化的过程。要完成许多细节方面的问题，因此要放大图纸比例，构思过程一般为 1 ： 200、1 ： 300，深化时为 1 ： 50、1 ： 100。

首先，完成平、立、剖面的进一步推敲。建筑平面、立面、剖面、三维效果都是相辅相成的。其间有一个进行了修改，都会对其他部分带来影响，需进行相应调整。方案深化的过程中，设计者要站在立体的高度，综合调整、统筹安排，做到空间与形式的统一。

其次，进行技术上的量化。方案深化不应对方案进行较大改动，只进行细微调整，如明确房间的轴线尺寸、窗户的定位和尺寸、门的开启和尺寸、楼梯尺寸与梯段布局等等。在不改变整体建筑设计意向的基础上，使建筑方案更完整细致、明确。并且，要注意在细节深化的过程中必须满足有关法规和设计规范的要求。

实例分析：

在设计实践中，建筑的形体要求与建筑的性质相符，同时也与建筑周边的环境、建设方的需求有着较大的关系，当然建筑师个人的审美与喜好也会对建筑最终形式产生较大影响。在综合各方面因素之后，最终我们的方案以方案D的建筑形式为设计蓝本，进行建筑形式的深化，并通过调整与设计形成最终的建筑形体与造型，如图 5-13 所示。

5.2.4　方案表达

图纸是专业人员之间，专业人员与非专业人员之间的沟通依托。方案设计表达分为方案构思阶段的表达和方案终结阶段的表达两种。

1）方案构思阶段的表达

构思表达阶段的图纸，是设计者活跃思维的具象展示，是设计者进行进一步分析、推敲、抉择的对象与依据，其表达方式主要有构思草图和构思草模，如图 5-14 所示。

（1）方案构思草图

根据图纸进度和细致程度可分为：构思草图、一草、二草、工具草图等。构思草图虽然看起来粗糙、随意，但其是设计理念的快速记录，是设计者构思和理念的瞬间思维影像。几轮草图一次比一次细致、具体，通过几轮草图的推进使构思与立意逐步深入与落实。

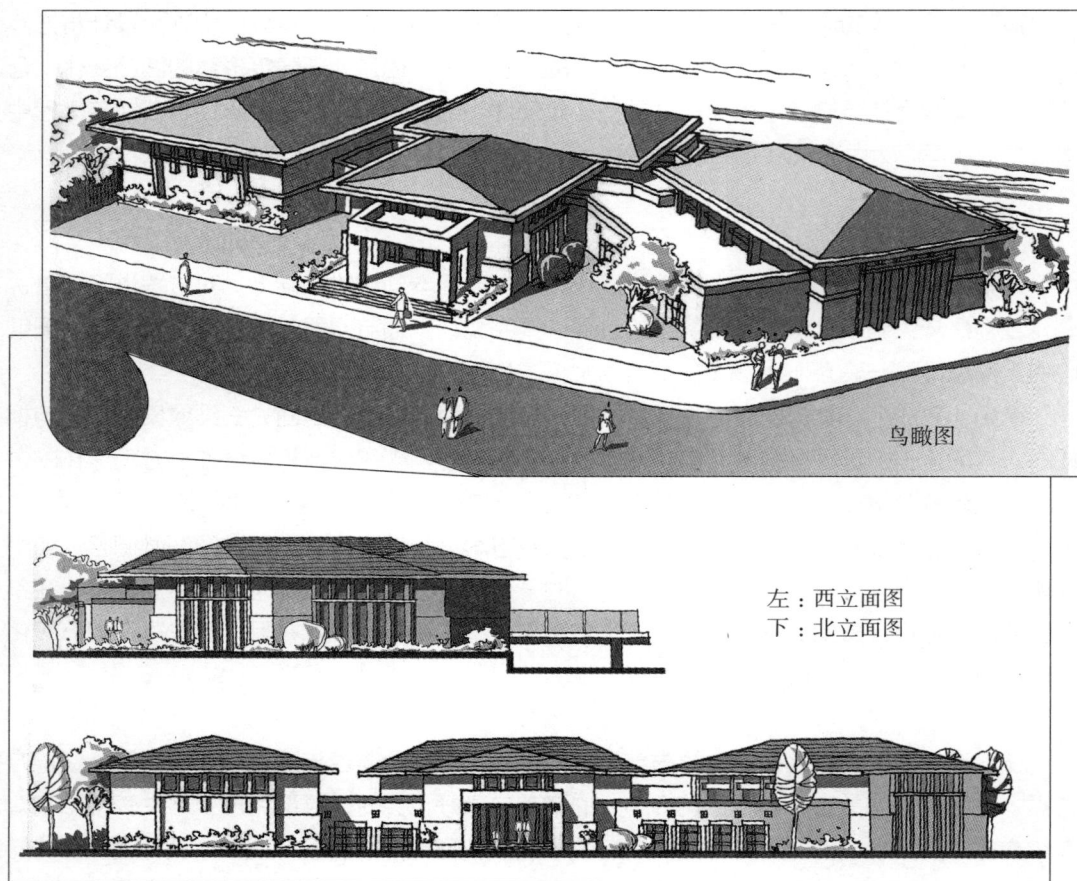

鸟瞰图

左：西立面图
下：北立面图

图 5-13 方案 D 鸟瞰图及立面图

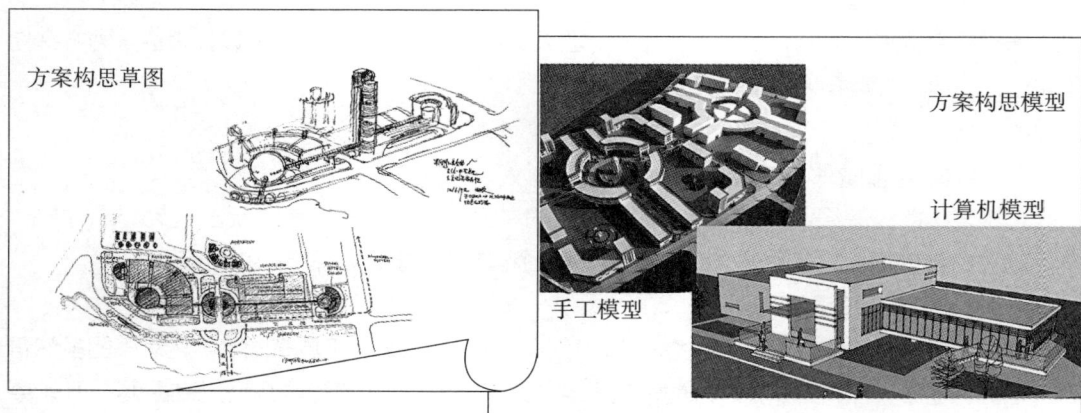

方案构思草图

方案构思模型

计算机模型

手工模型

图 5-14 方案构思阶段的表达

（2）方案构思模型

构思模型也称之工作模型，是建筑设计形象的立体化草图，具有概括性和可变性，主要表现整体的形态和空间体量关系，是帮助学生设计思维推进最有效的思考工具，此类工作模型可分手工形体草模和计算机草图模型，但低年级学生还是以手工模型为宜，不宜刻意追求计算机工作草模。

2）方案终结阶段的表达

主要是将方案设计的终结阶段成果以图纸和模型的形式表达出来，图纸表达，在校期间以手绘图纸为主，设计院以计算机绘图为主。

模型表达，在校期间以手工模型为主，设计院以电脑雕刻模型为主，如图 5-15 所示。

东立面图 1/100　　南立面图 1/100

平面图 1/100

方案表达正图

方案展示模型

都市剪影

计算机表达

图 5-15 展示性表达

（1）方案终结阶段正图

正图是对建筑总平面、各层平面、立面、剖面透视及局部细节最终成果的图纸表达。低年级的同学还是需要使用钢笔、水彩、水粉等手绘的表达方式，高年级的同学可使用电脑绘制图纸。

（2）**方案终结阶段模型**

方案终结模型是对建筑方案成果进行较为直观的表达。但学生设计阶段的成品模型不要一味地追求精细、逼真，避免时间浪费，只要能够把建筑构思的精髓高度地提炼出来，并表达好建筑形体、周边环境、室内外空间的关系即可。

（3）**计算机表达**

中高年级同学可以进行计算机绘制方案设计的正图，计算机绘图具有准确性高，而且效果真实的特点。必要时也可以将设计对象生成为动态画面，更直观地对建筑流线、形态、空间等方面要素进行全方位展示。

第6章　Exercises and Guidance
习题与指导

6.1　钢笔徒手画练习（1）

作业目的：

· 钢笔徒手画是建筑师们在建筑方案构思、立意和推敲设计过程中必备的一种表达方式，也是要求建筑、规划、景观等设计类同学必须尽快掌握的一项基本技能。

· 正确掌握钢笔徒手画的作图要领和方法。

· 在线条组合训练的同时，培养与提高审美意识。

作业内容：

· 用钢笔徒手描画横格练习本中的横向线条和竖向线条。参见附图 6-1.1（课内进行，第一堂课学生无太多的准备，就利用一张纸一支笔描画水平线条和垂直线条。）

作业要求：

· 理解并掌握徒手作图的要领，求稳不求快，姿势正确。

· 线条要求流畅，宁可局部小弯但求大体整直。

图纸规格：

· 横格练习薄纸和 A4 幅面复印纸。

参考资料：

· 附图 6-1.1，附图 6-1.2 或其他钢笔徒手画资料。

备　　注：

· 该作业只占课堂三分之一学时。第一周讲述"建筑概述"内容，其后利用一堂课

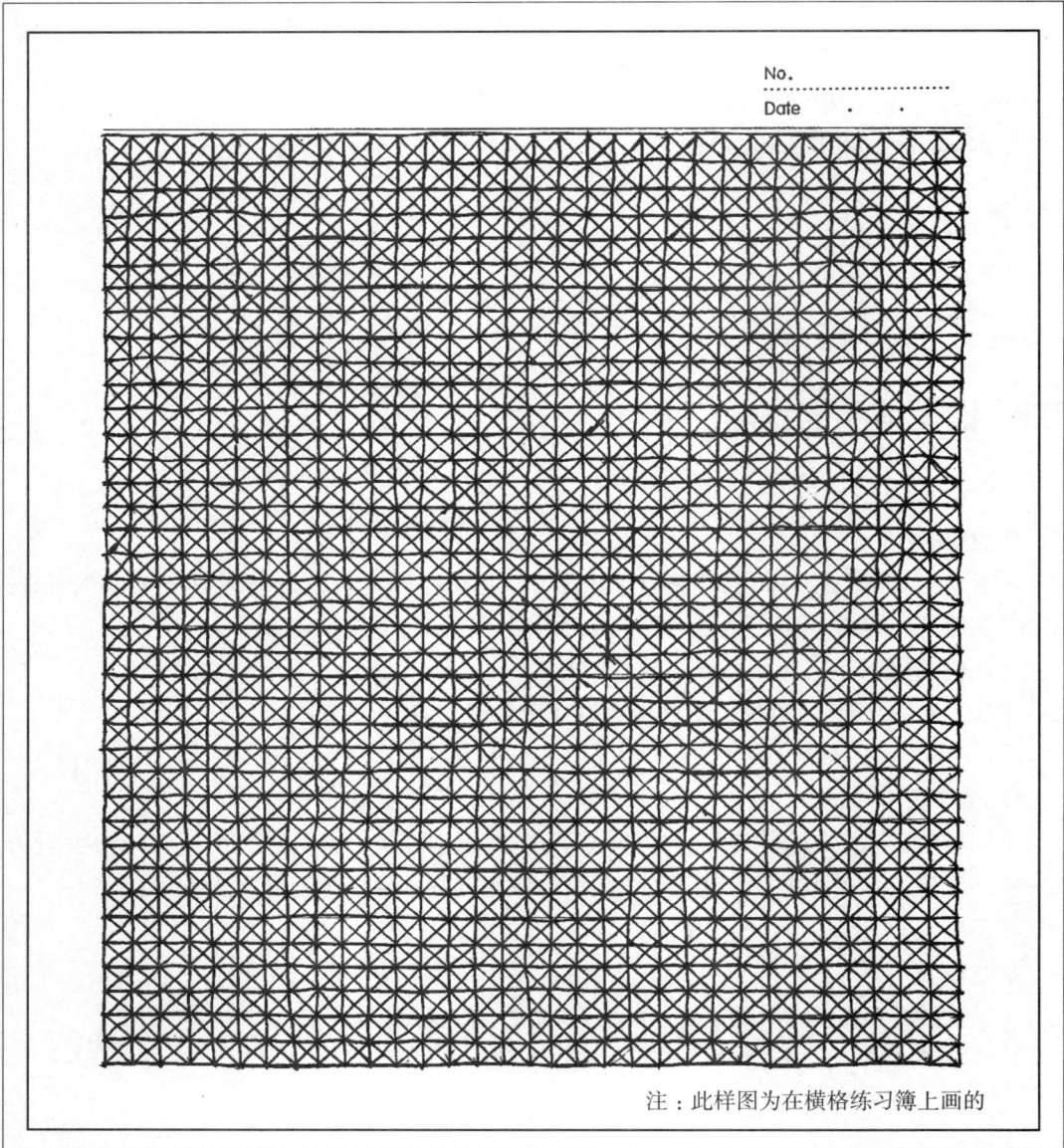

No.
. . . .
Date   ·   ·

注：此样图为在横格练习簿上画的

附图 6-1.1

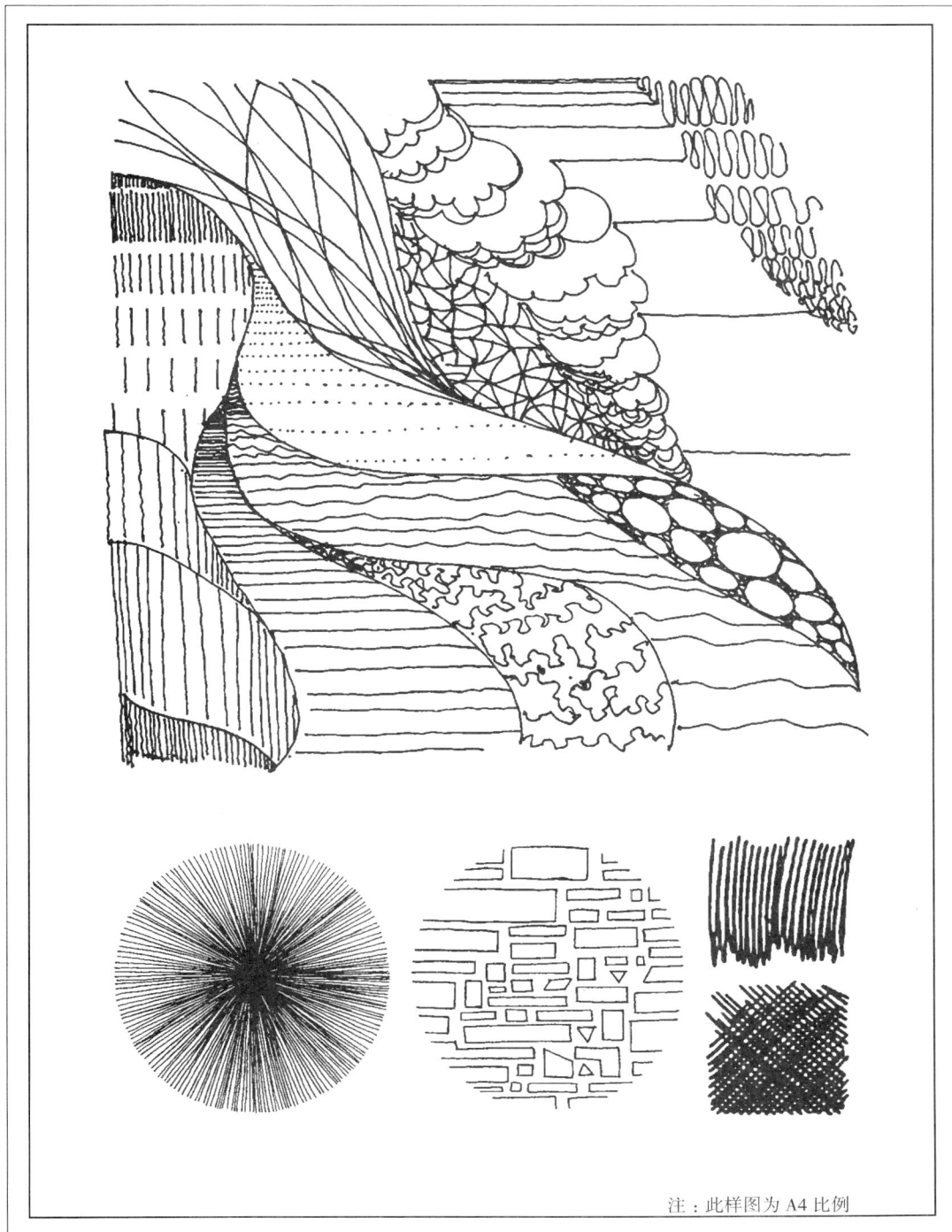

注：此样图为 A4 比例

附图 6-1.2

注：此样图为 A4 比例

的时间进行徒手画作图要领讲解并进行练习。

6.2　钢笔徒手画练习（2）

作业目的：
·重点讲述钢笔徒手画的线条组合和表现力。
·培养并提高钢笔徒手表现的基本能力。

作业内容：
·钢笔徒手线条组合。（利用钢笔线条不同组合方式表现出不同的画面效果，如平涂、退晕等）

作业要求：
·可先用 2H 铅笔打一些框线底稿。
·要求运笔自如，练习不同方向的运笔手势，排列出不同的画面效果。
·上墨线（有条件的同学可用红环针管笔）

图纸规格：
·A3 幅面（420mm×297mm）白色绘图纸。

参考资料：
·附图 6-2.1 或其他钢笔徒手画资料。

备　　注：
·钢笔徒手画的重要性决定了一开学就必须先提前讲述，并布置一定的课堂作业。但课后要求学生每周完成 3-5 张 A4 幅面的钢笔徒手临摹画，每周交一次，由任课教师作适当的点评。
·钢笔徒手画的附图较多，教师可根据每周的教学内容进行相关内容徒手画的布置，参见附图 6-2.2~ 附图 6-2.12。

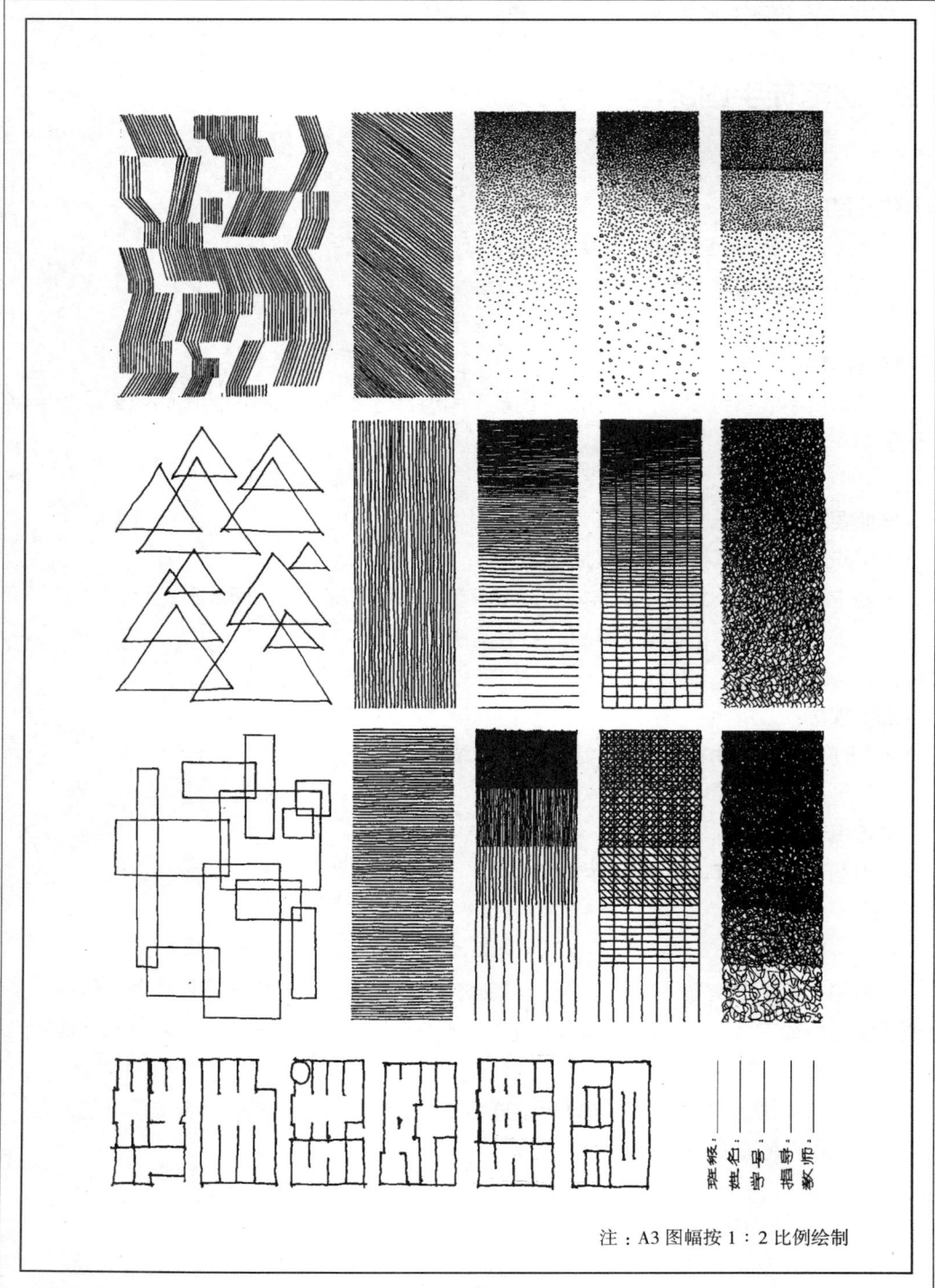

班级：
姓名：
学号：
指导：
教师：

注：A3 图幅按 1：2 比例绘制

附图 6-2.1

徒手勾画建筑物的基本步骤1

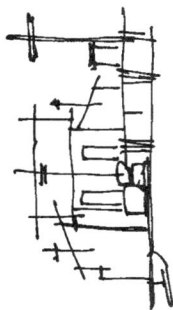

1. 勾画基本形体

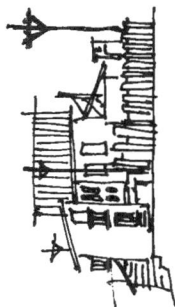

2. 添加各形体细部

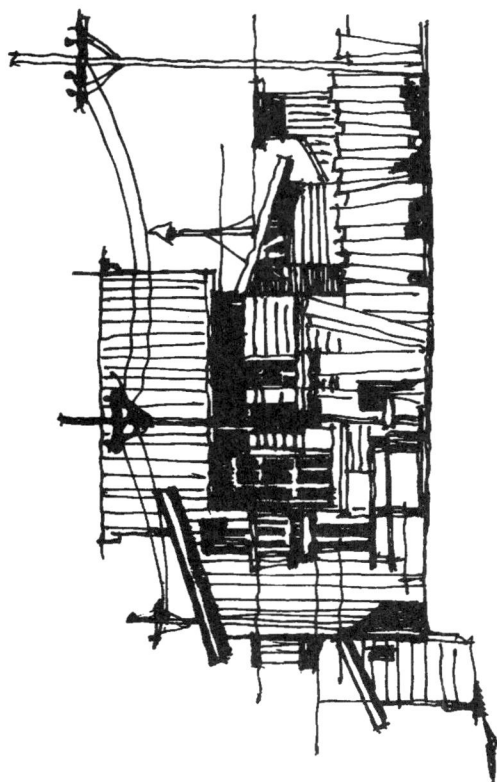

3. 各细部的深化和添加阴影

注：此样图为 A4 比例

附图 6-2.2

徒手勾画建筑物的基本步骤2

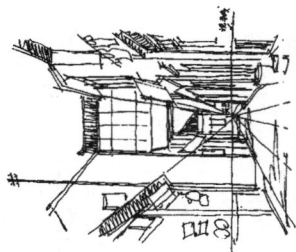

1. 勾画基本形体，并掌握好透视机关系

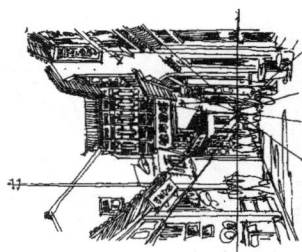

2. 添加各形体的细部

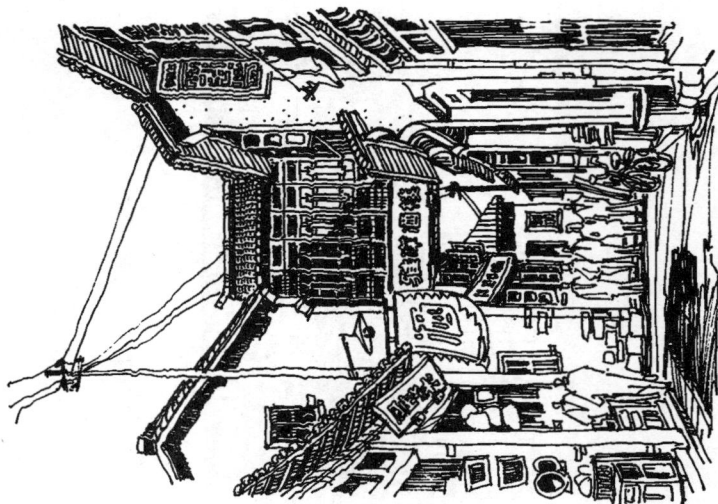

3. 各细部的深化和添加阴影

注：此样图为 A4 比例

注：此样图为 A4 比例（一张可画 2 幅）

附图 6-2.4

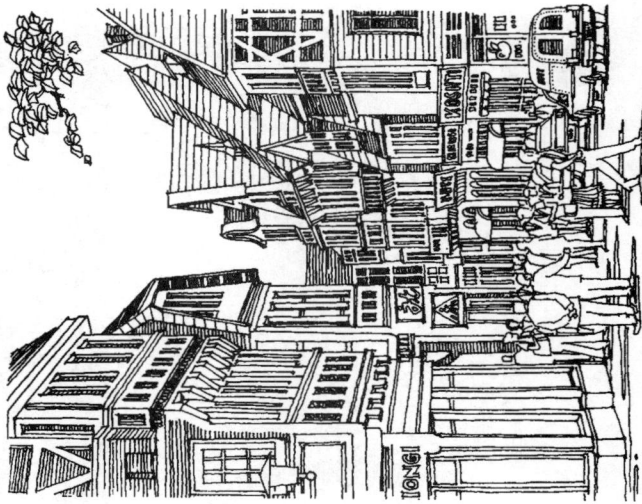

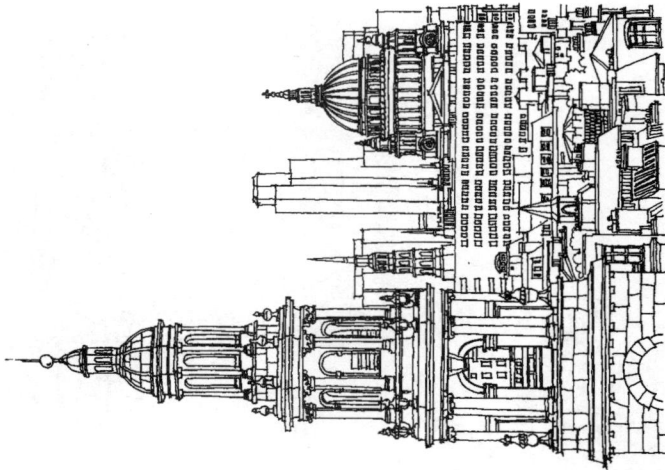

注：此样图为 A4 比例（每周的徒手画资料可由学生结合课堂教学内容选择相关内容）

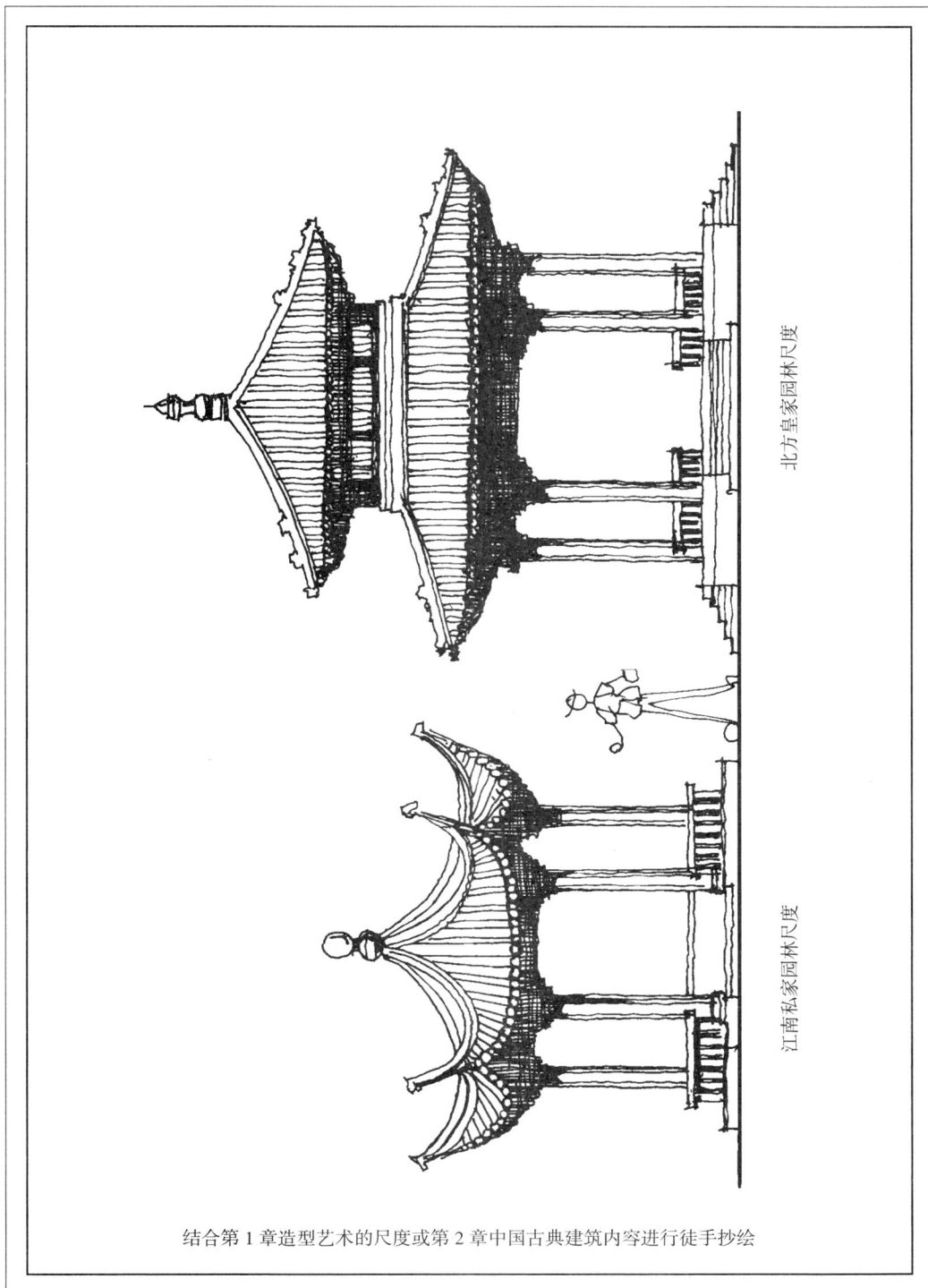

北方皇家园林尺度

江南私家园林尺度

结合第 1 章造型艺术的尺度或第 2 章中国古典建筑内容进行徒手抄绘

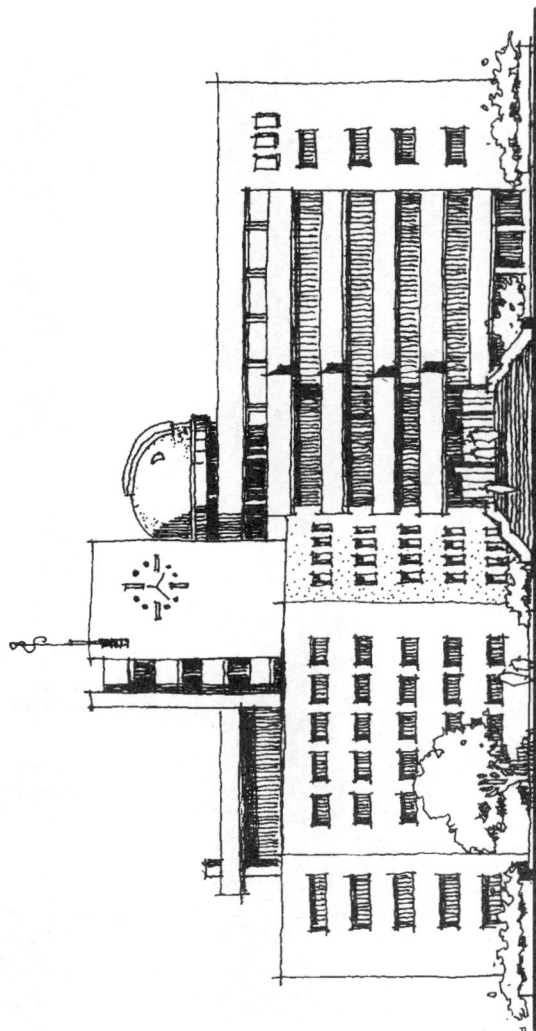

不对称中求稳定

结合第 1 章造型艺术内容进行徒手抄绘

附图 6-2.7

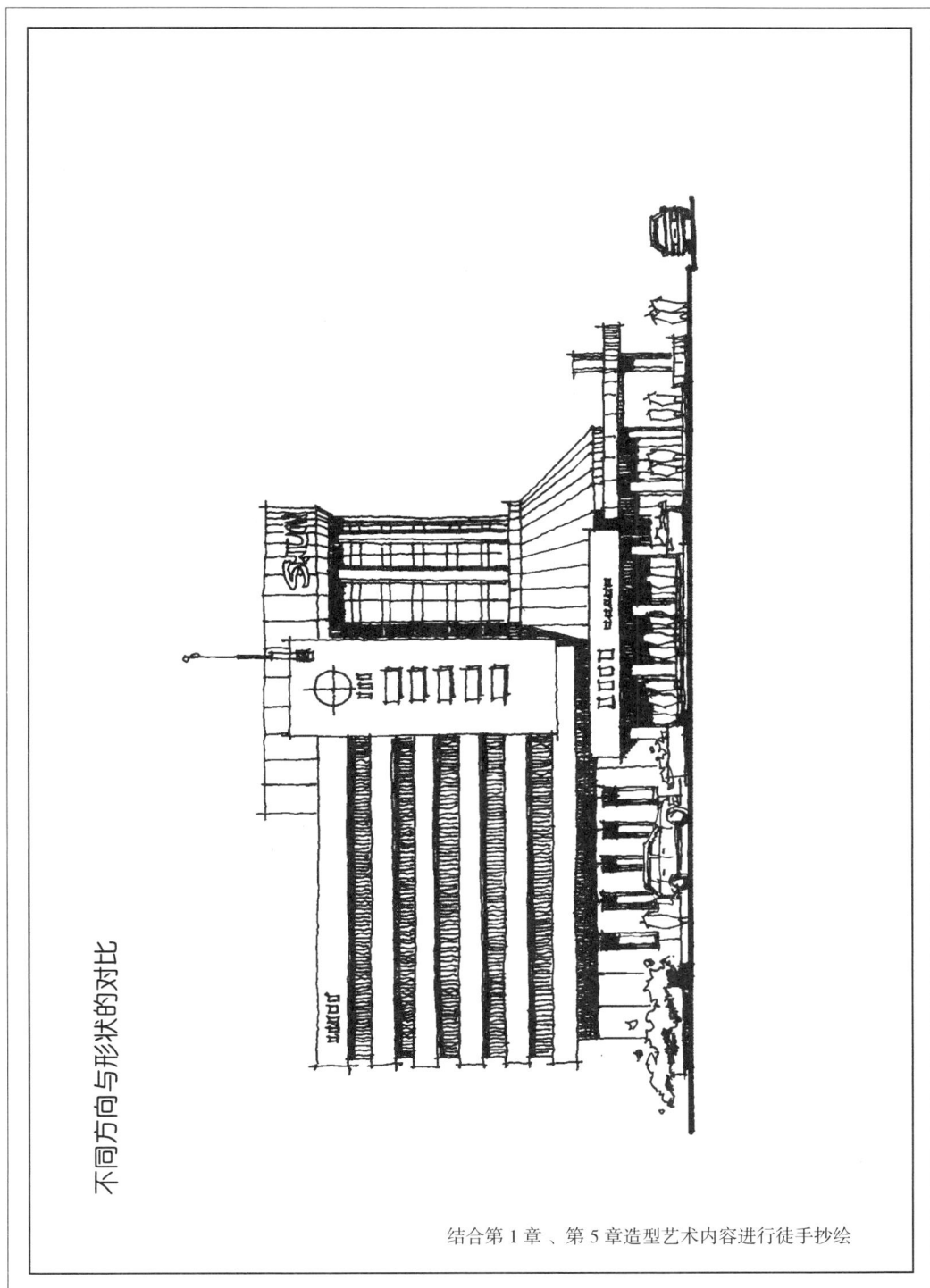

不同方向与形状的对比

结合第 1 章 、第 5 章造型艺术内容进行徒手抄绘

附图 6-2.8

以象征与隐喻的构思

结合第 1 章建筑造型艺术或第 5 章方案的构思内容进行徒手抄绘

附图 6-2.9

起伏韵律

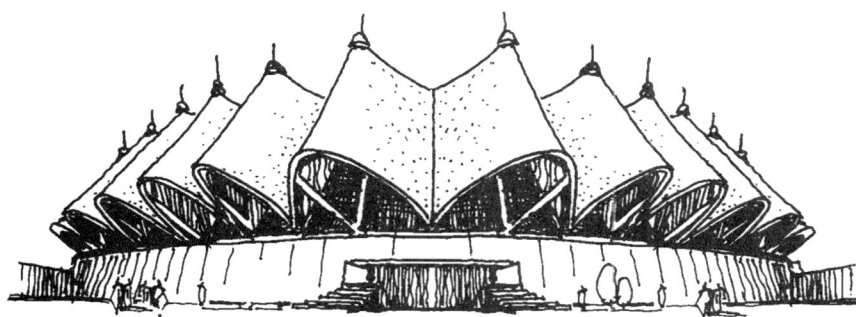

伊拉克某体育场

交错韵律

国家奥体中心

结合第 1 章造型艺术内容徒手画抄绘

渐变韵律

美国密斯沃基美术馆

结合第 1 章造型艺术内容徒手画抄绘

渐变韵律

渐变韵律的连廊

结合第 1 章造型艺术内容徒手画抄绘

6.3　钢笔工具线条练习

作业目的：

·工具线条是建筑设计表达中最基本的一种手段。不同粗细和不同类型的线条均表示着不同的含义。通过线条练习初步了解各种线型的含义和粗细要求。

·理解建筑绘图中正投影的基本原理。熟悉不同绘图工具的使用和掌握不同比例与各种线型的正确绘制方法。

作业内容：

结合建筑初步课程中有关章节，绘制不同的图纸（以下两图可选择）。

·房屋的基本组成示意图（结合认识房屋构造内容时进行）。

·西方古典柱式（结合中西方建筑基本知识内容时进行）。

作业要求：

·按比例绘制，掌握比例尺等各种工具的使用。

·线条必须粗细有别，交接正确。

·上墨线。

图纸规格：

·A3 图幅（594mm×420mm）

参考资料：

·附图 6-3.1 和附图 6-3.2 或其他钢笔徒手画资料。

备　　注：

·该作业课堂上安排少至一个单元，并观察学生的绘图姿势、习惯，以及各种工具的使用情况而定。

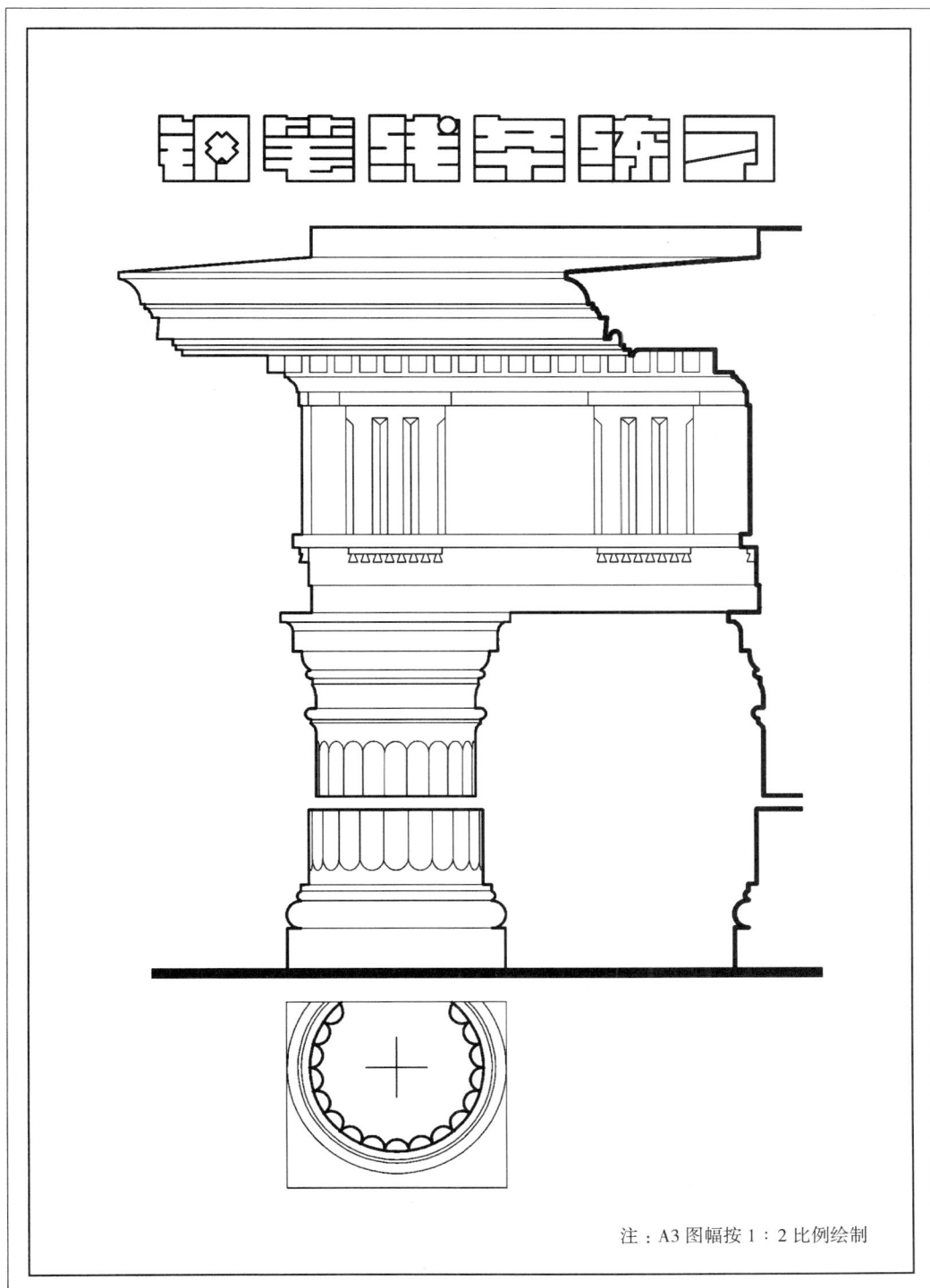

钢笔线条练习

注：A3 图幅按 1：2 比例绘制

附图 6-3.1

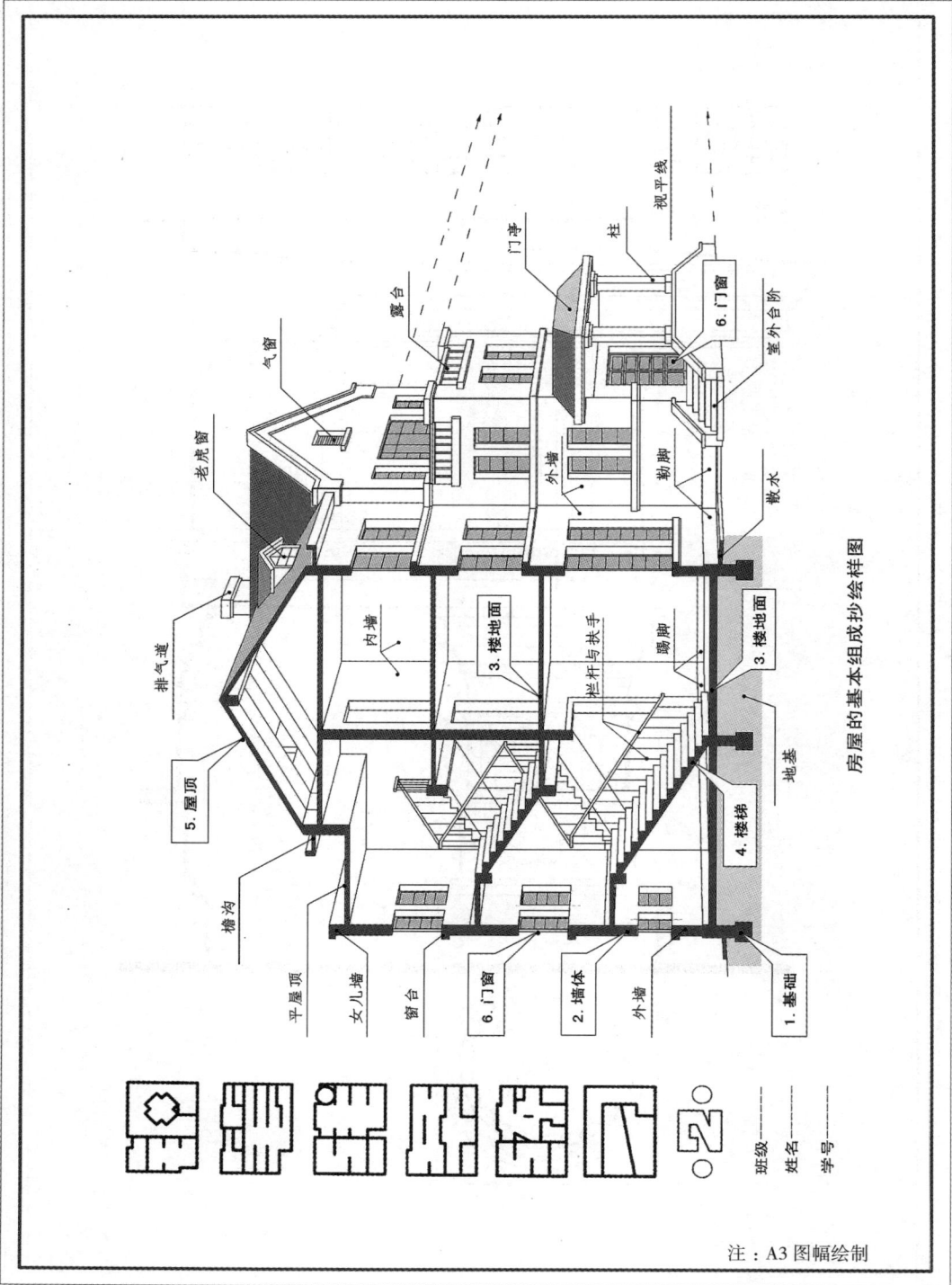

房屋的基本组成抄绘样图

注：A3 图幅绘制

班级————
姓名————
学号————

附图 6-3.2

6.4　建筑环境表现练习

作业目的：
·建筑环境表现在建筑方案图中是不可缺少的一项内容，它涉及环境景物中的山、水、路以及车、树、人，其中车、树、人最为常用。作业中最常练习的也是这些，因此，要求同学能熟练地、自如地表达并掌握一定的绘制要领是该作业的重点。

作业内容：
·常见的绿化如乔木、灌木、绿篱、草坪等。
·交通工具如各式小型汽车。
·人物（以人物姿态为主）。

作业要求：
·环境表现的线条必须流畅。
·不同景物表达时，必须注意景物自身各部分的比例关系和相互之间的比例关系。
·绘制不同景物时还必须要注意到整体的透视关系。
·墨线绘制，可用铅笔起稿。

图纸规格：
·交通工具与绿化：A3 幅面（420mm×297mm）各一张。
·人物：A4 幅面（297mm×210mm）可作为每周的徒手画内容完成。

参考资料：
·附图 6-4.1、附图 6-4.2、附图 6-4.3，或其他钢笔徒手画配景资料。

备　　注：
·课堂必须安排 1 个单元讲述环境表现的原则和要点等，并安排环境表现图。

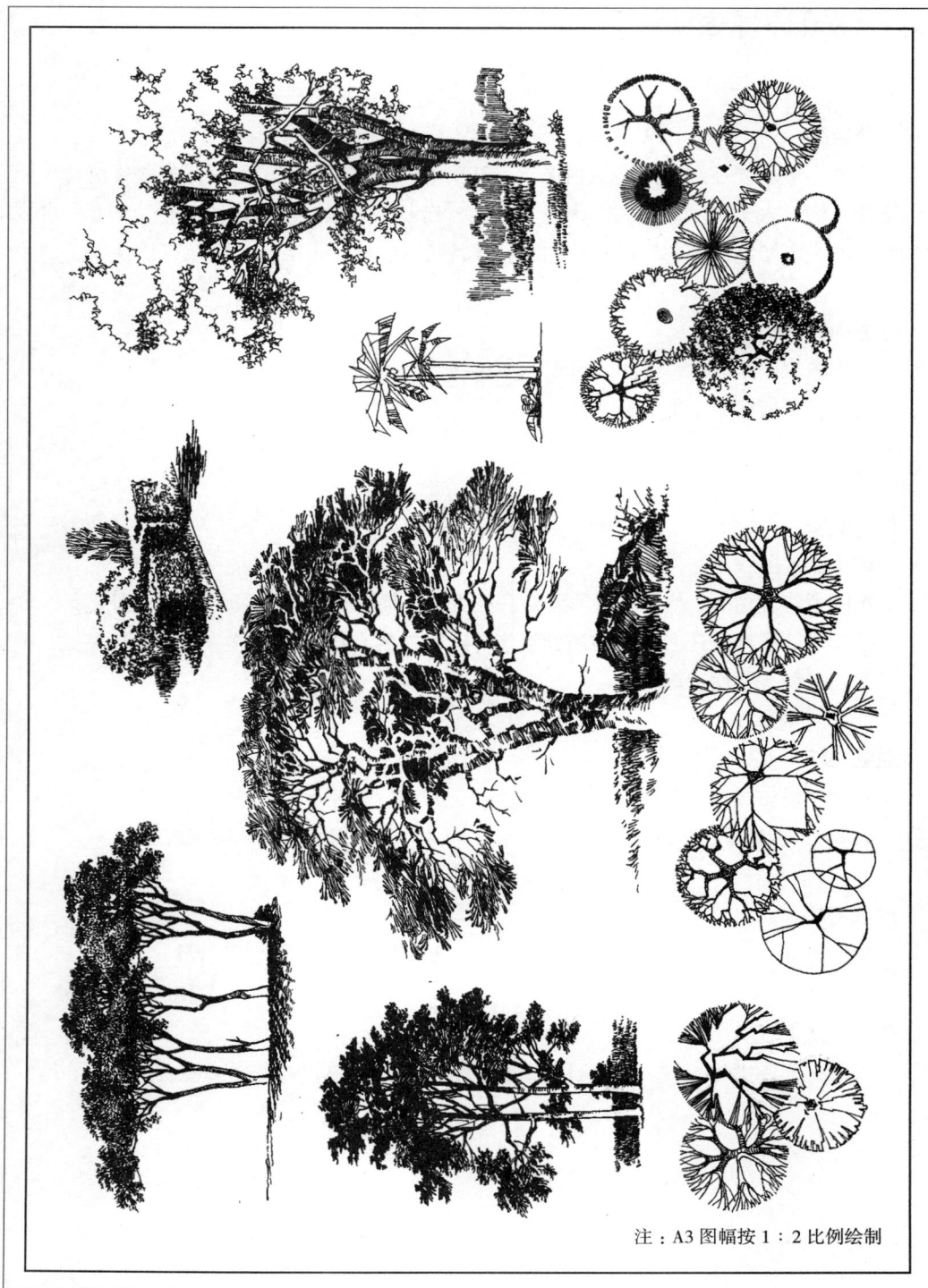

注：A3 图幅按 1：2 比例绘制

附图 6-4.1

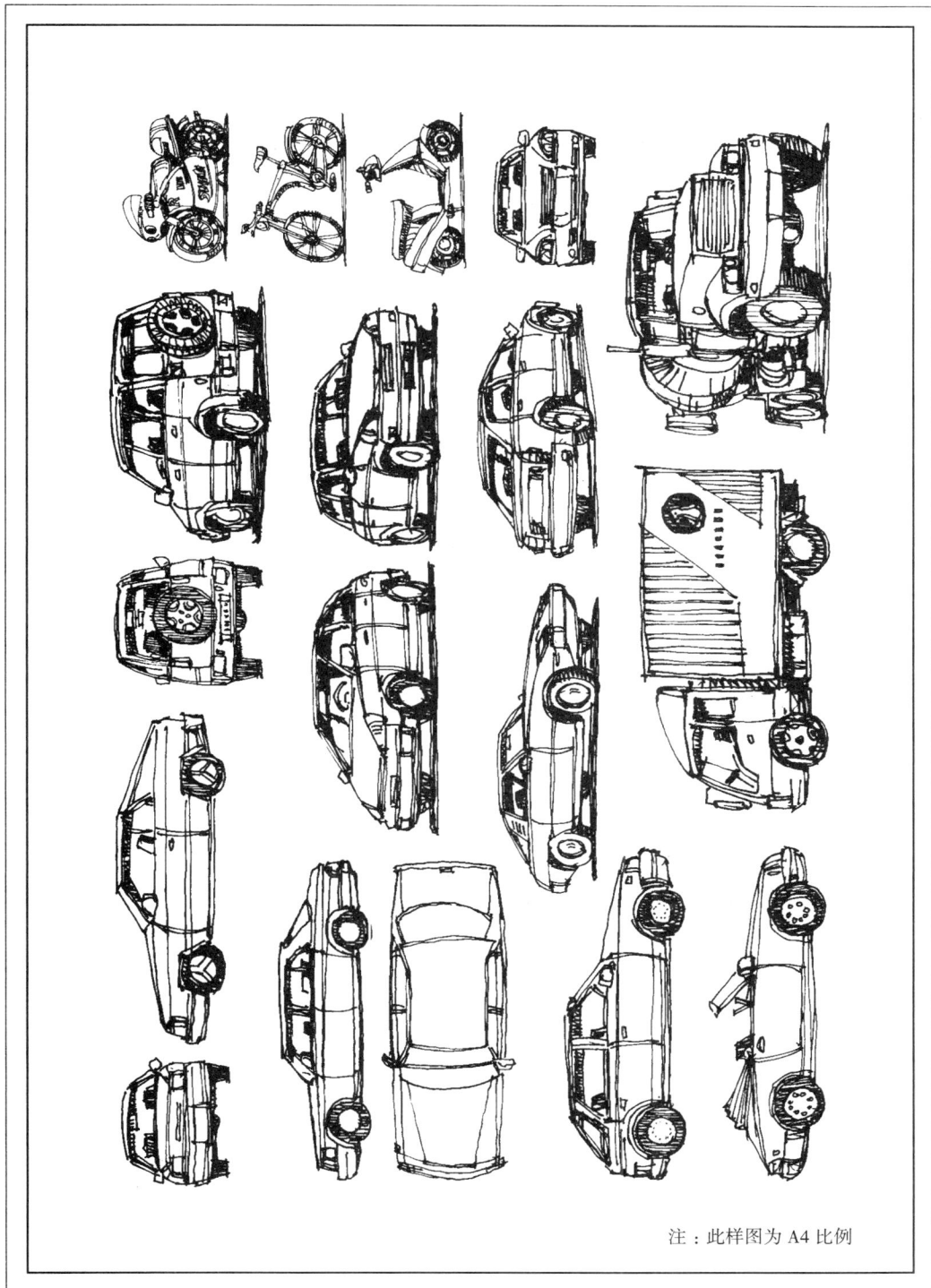

注：此样图为 A4 比例

附图 6-4.2

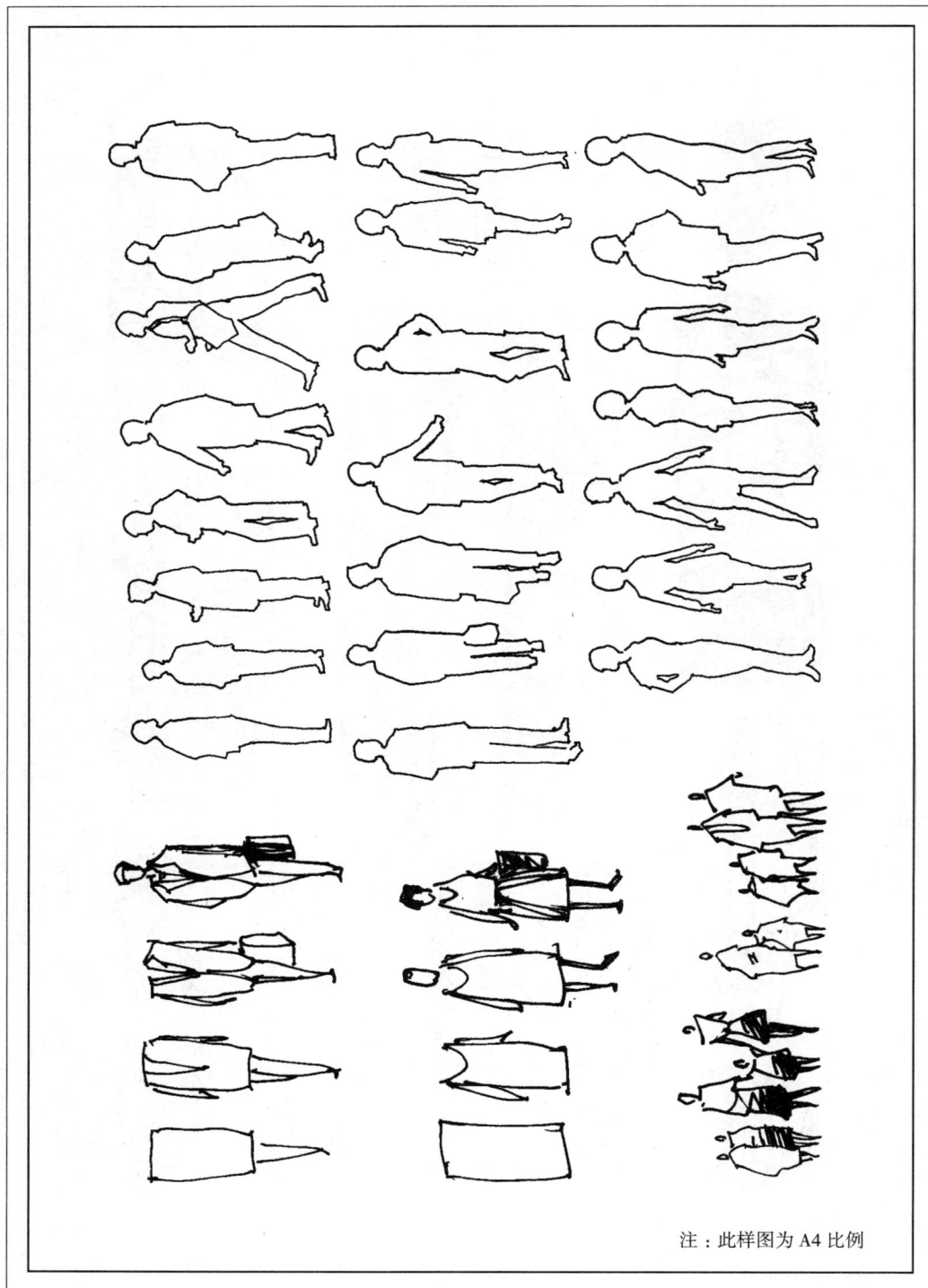

注：此样图为 A4 比例

附图 6-4.3

6.5　字体练习

作业目的：

· 字体（文字和数字）是建筑图纸中重要的组成部分，在建筑方案表现图中，不仅需要书写工整、清晰，更需要有一定的艺术要求。

· 熟悉并掌握常用字的字体结构和运笔特征。

作业内容：

· 字体内容可分二部分进行：

· 仿宋字、等线字、数字及字母等字体的练习。

· 标题性块块字练习。

作业要求：

· 仿宋字、等线字、数字及字母等字体练习，可结合平时徒手画作业，每周不得少于200 字。

· 标题性块块字练习可先用铅笔起稿，应注意每一笔画的粗细安排，一个字中的笔画粗细尽可能统一（本次作业为尺规作图并上墨）。

图纸规格：

· 标题性字体练习用 A3 幅面（420mm×297mm）。

参考资料：

· 附图 6-5.1、附图 6-5.2，或其他参考资料。

备　　注：

· 块块字练习，在今后的方案设计和快题考试中时常要用到，结合平时的徒手画，每周也必须徒手书写 10 个字。

字体练习一

建筑初步测设渲
设计基础水墨染
铅铅笔彩淡范
模型制作图半
条练习抄设作业
旅生飞管 1 2 3
4 5 6 7 8 9 0
A B C D E F G H I J
K L M N O P Q R S T
U V W X Y Z

放大 1 倍用 3 号图练习

附图 6-5.1

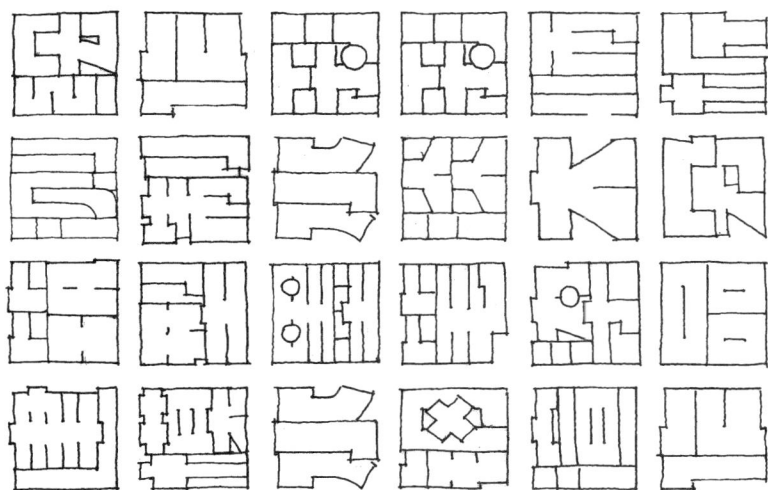

建筑初步作业常用字例—2

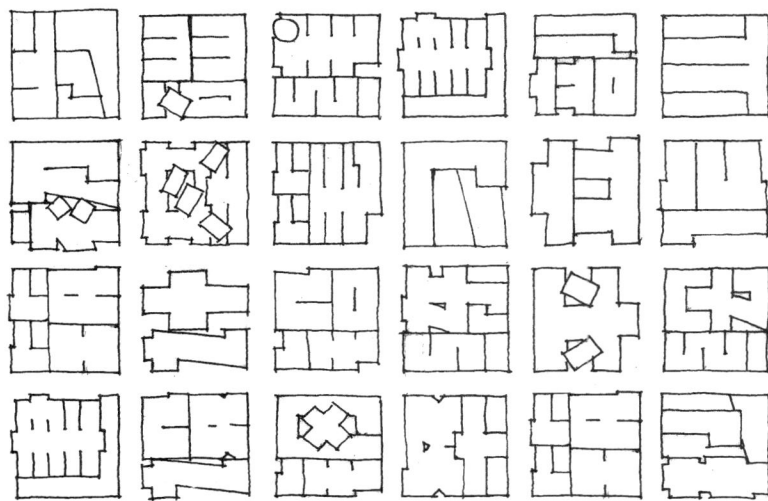

建筑初步作业常用字例—1

注：此样图为 A4 比例

附图 6-5.2

6.6　建筑方案图抄绘练习

作业目的：

· 临摹建筑方案图。

· 了解建筑方案图的主要内容。

· 理解建筑平、立、剖面图的相互关系。

· 掌握建筑方案图的画法，作图步骤以及相应的制图规范。

作业内容：

· 抄绘某旅游宾馆大堂方案的平、立、剖面图。

作业要求：

· 正确使用绘图工具，所绘线条必须粗细有别、正确交接。

· 平、立、剖面图的线条必须用丁字尺和三角板配合绘制（严禁三角板单一绘制图线）。

· 字体书写端正清晰。

图纸规格：

· A2 幅面，可选用 ≥ 150g 的绘图纸。

参考资料：

· 附图 6-6.1~ 附图 6-6.11，或其他参考资料。

备　　注：

· 该作业抄绘时，建筑制图课尚未进行专业制图讲授，所以该作业练习前，教师应讲述一些投影的基本规律及常用的建筑制图标准。

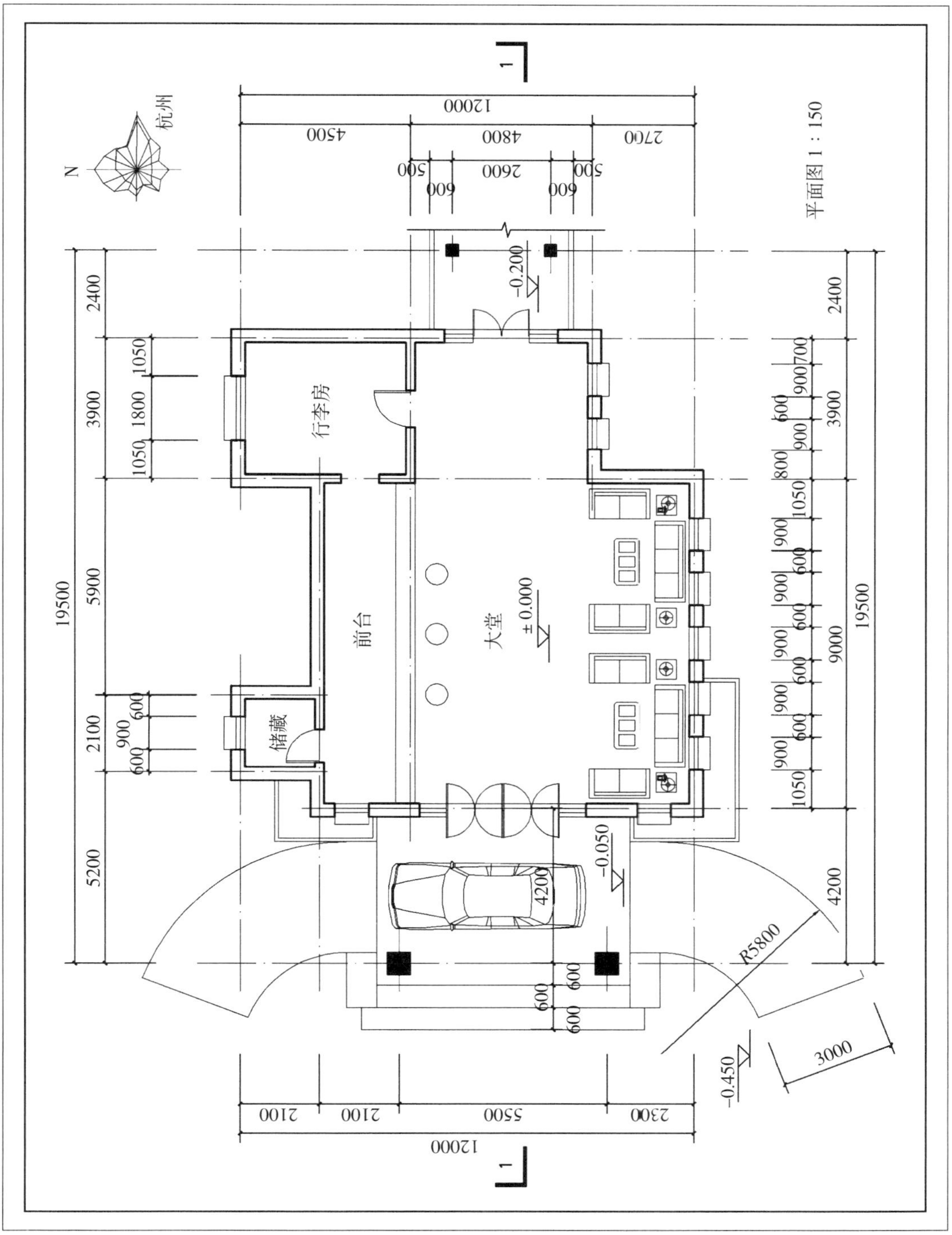

平面图 1 : 150

行李房

前台

大堂　±0.000

储藏

杭州

N

-0.200

-0.050

-0.450

R5800

3000

附图 6-6.1

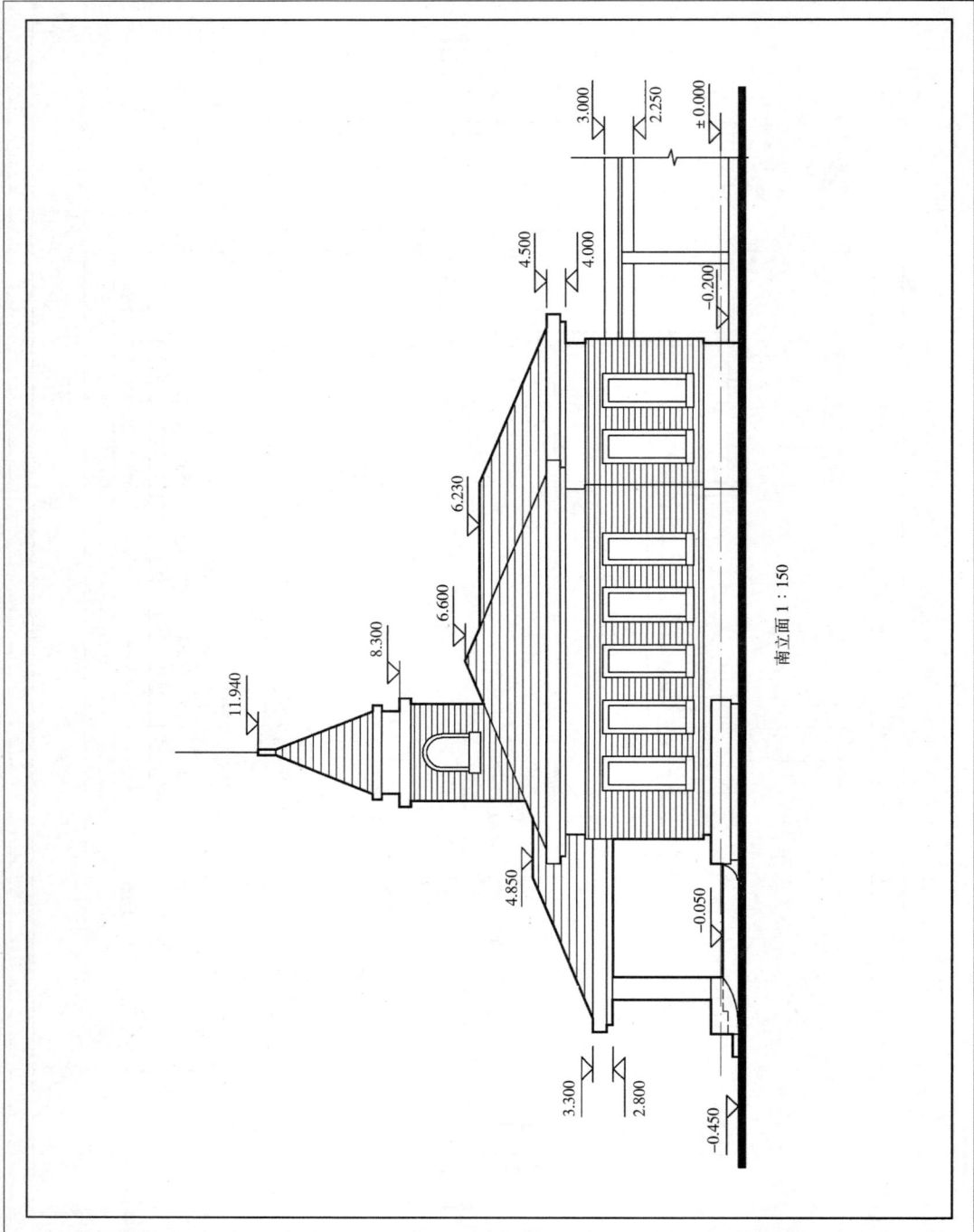

3.000
2.250
±0.000
4.500
4.000
−0.200
6.230
6.600
8.300
11.940
4.850
−0.050
3.300
2.800
−0.450

南立面 1：150

附图 6-6.2

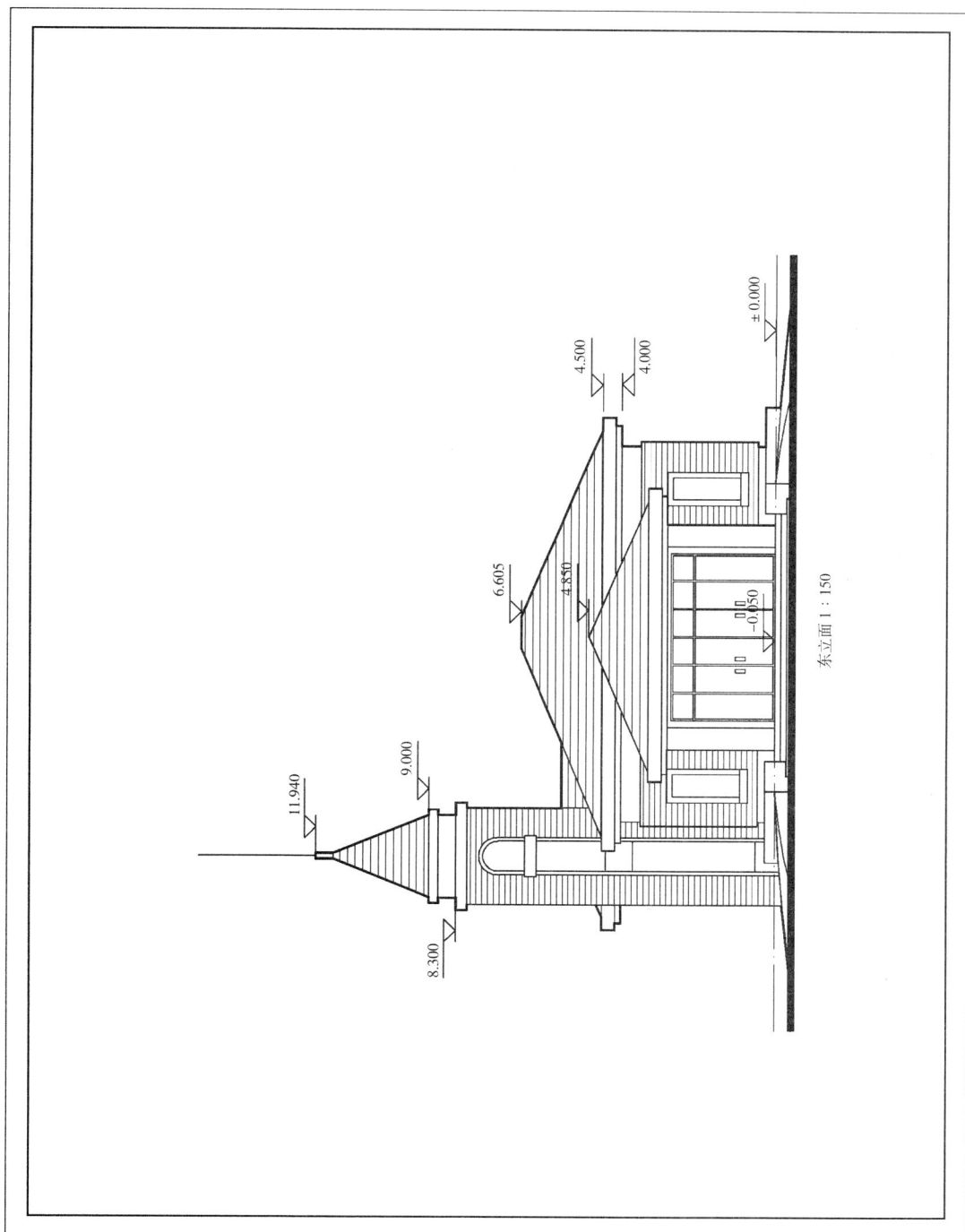

东立面 1 : 150

附图 6-6.3

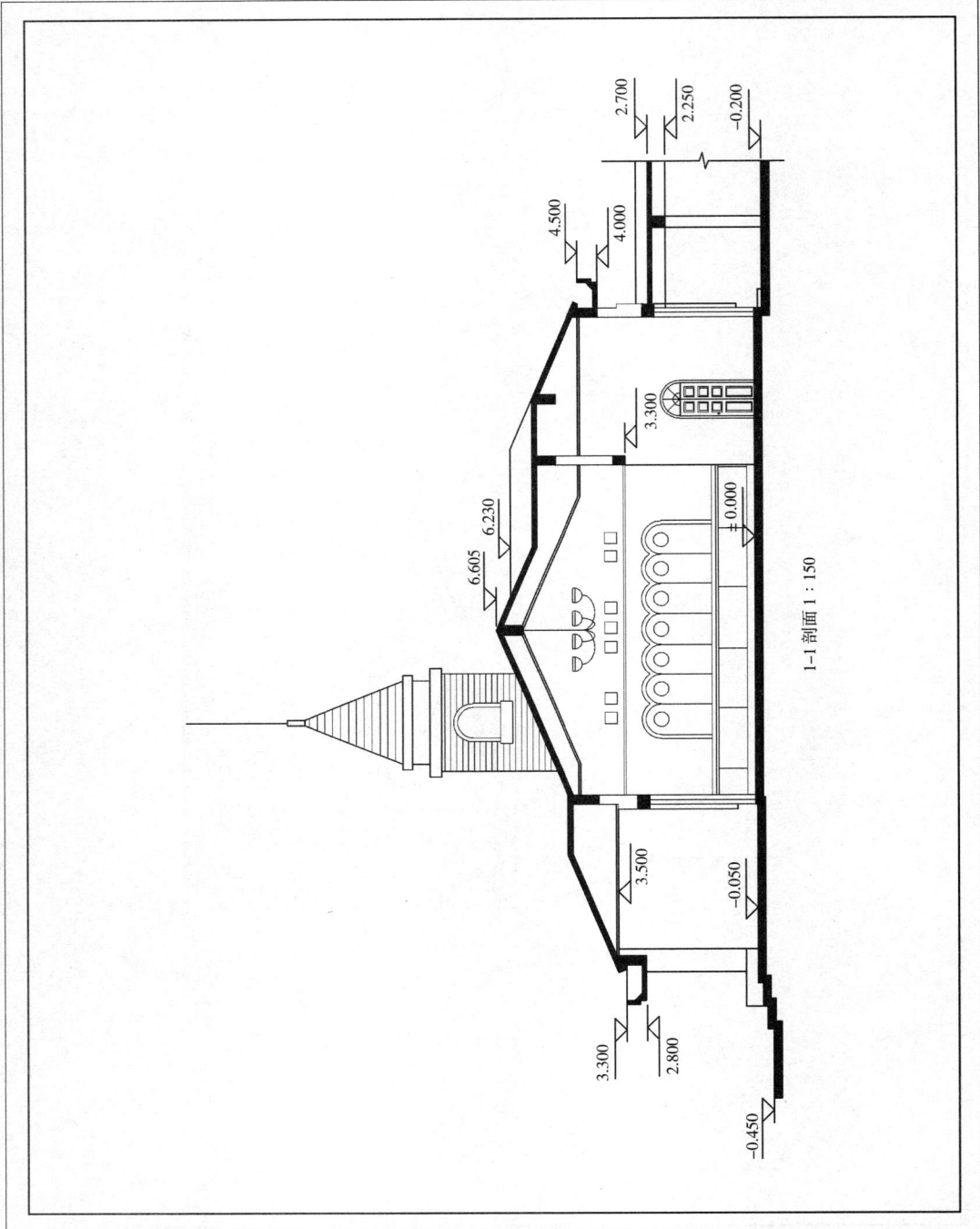

2.700
2.250
-0.200

4.500
4.000

3.300

6.605
6.230

3.300

±0.000

3.500

-0.050

3.300
2.800

-0.450

1-1 剖面 1：150

附图 6-6.4

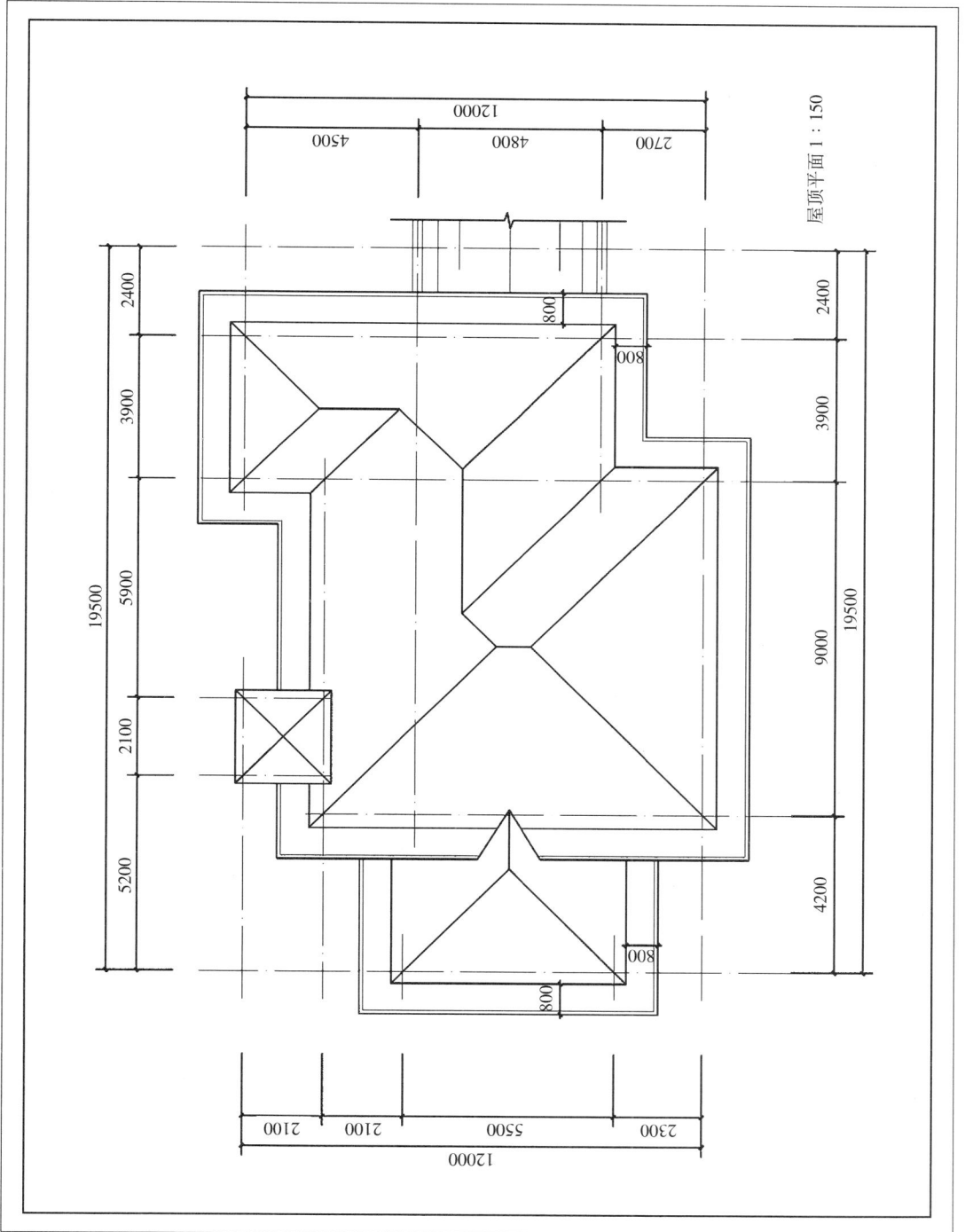

屋顶平面 1：150

附图 6-6.5

东立面图 1：150

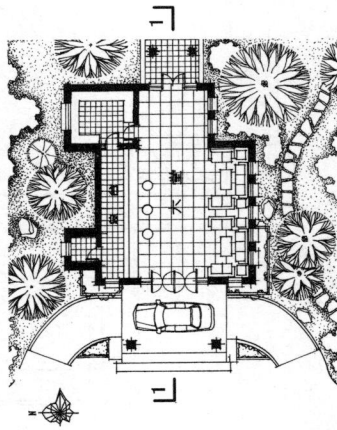

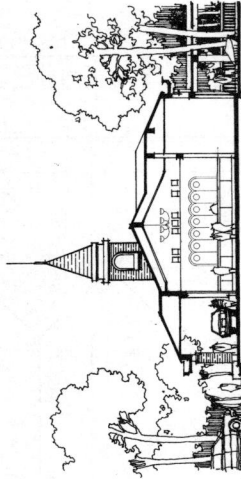

1-1 剖面图 1：150

jianzhufangantuchaohui

南立面图 1：150

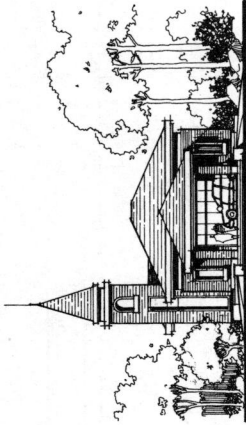

平面图 1：150

班级 ——
姓名 ——
学号 ——
指导 ——

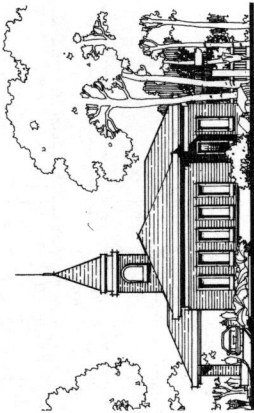

附图 6-6.6

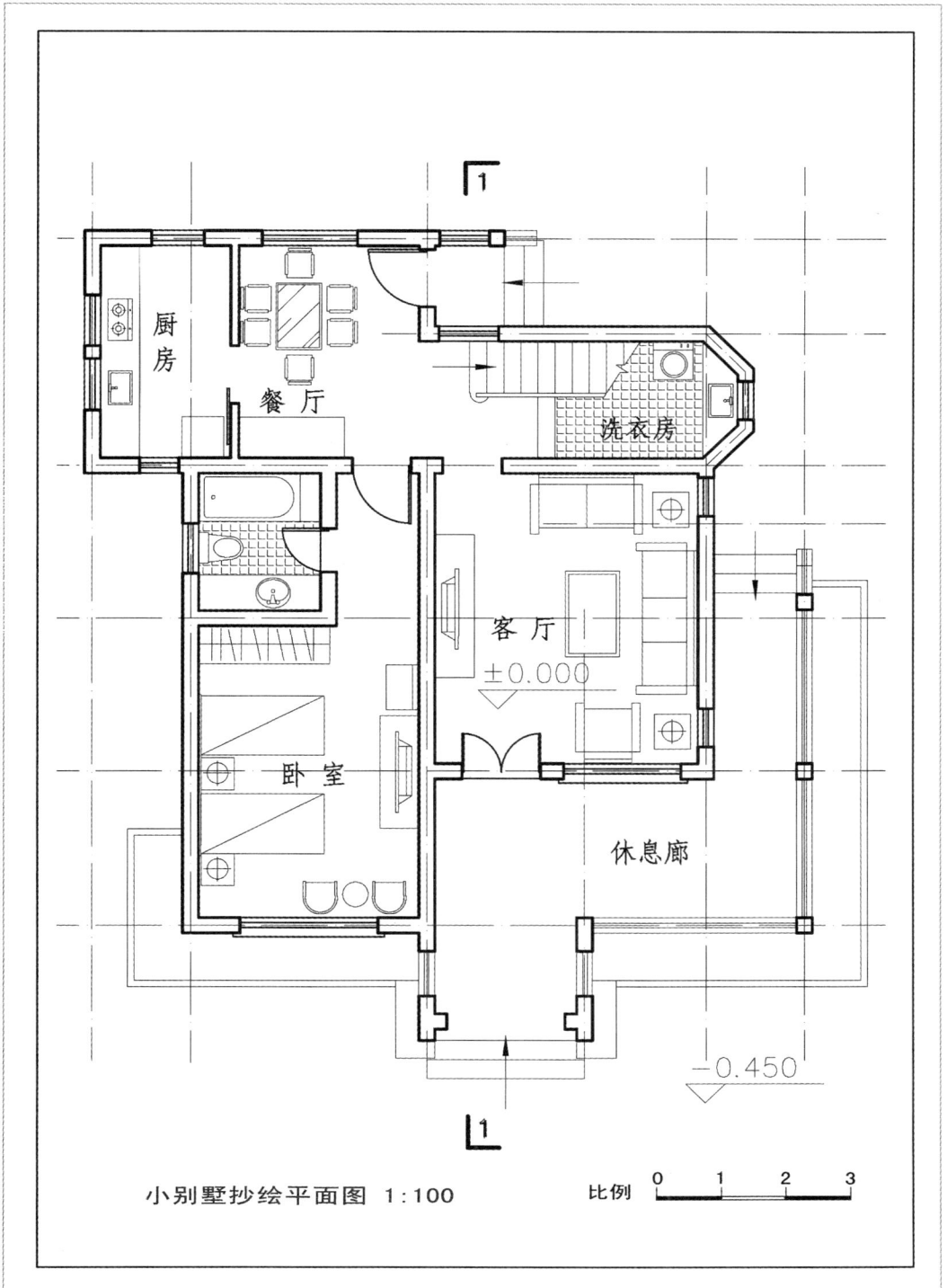

厨房

餐厅

洗衣房

客厅

±0.000

卧室

休息廊

−0.450

小别墅抄绘平面图 1：100

比例　0　1　2　3

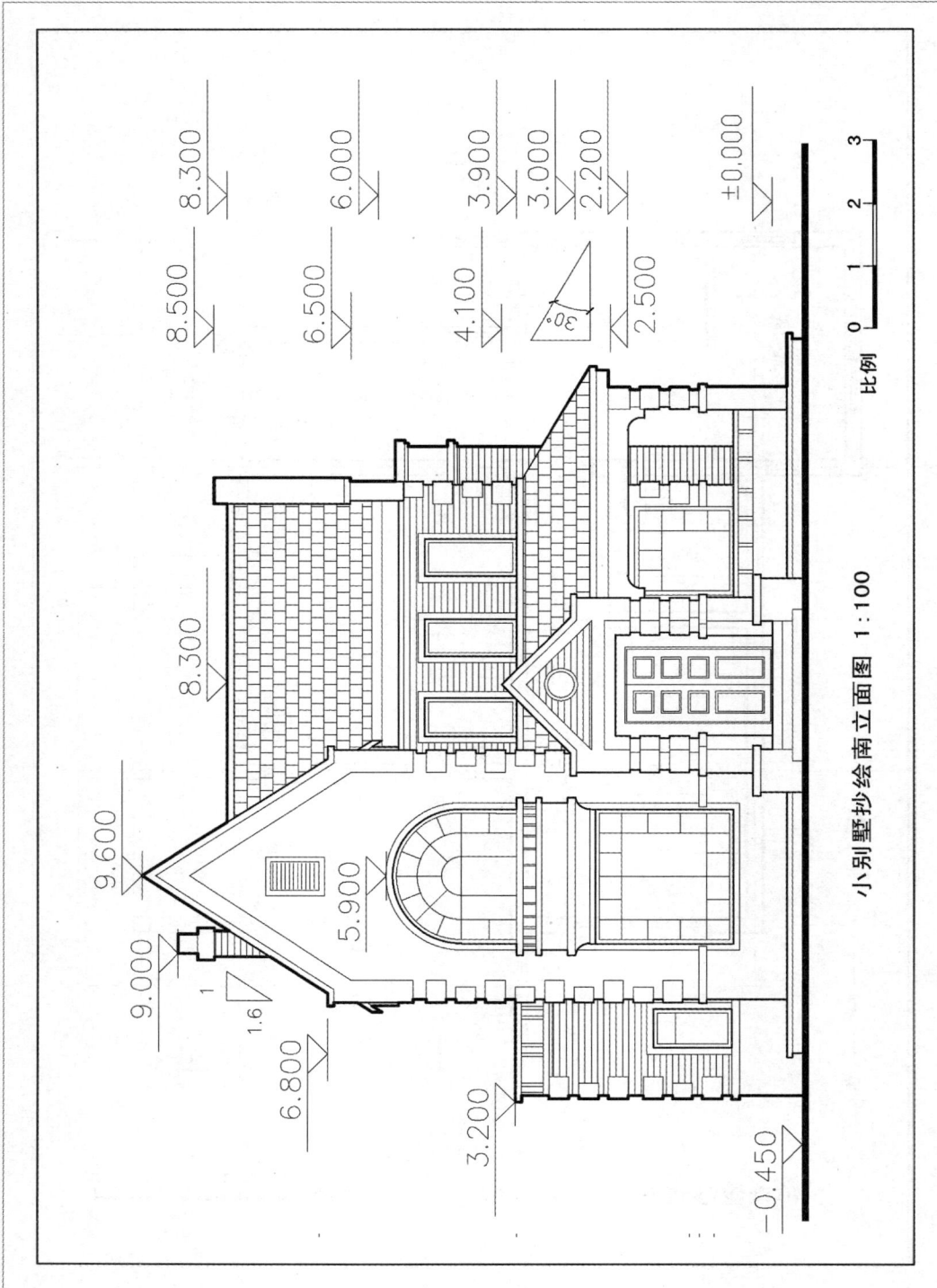

小别墅抄绘南立面图 1:100

8.500
8.300
6.500
6.000
4.100
3.900
3.000
30°
2.500
2.200
±0.000

8.300

9.600
9.000
1
1.6
6.800
5.900
3.200
−0.450

比例

0 1 2 3

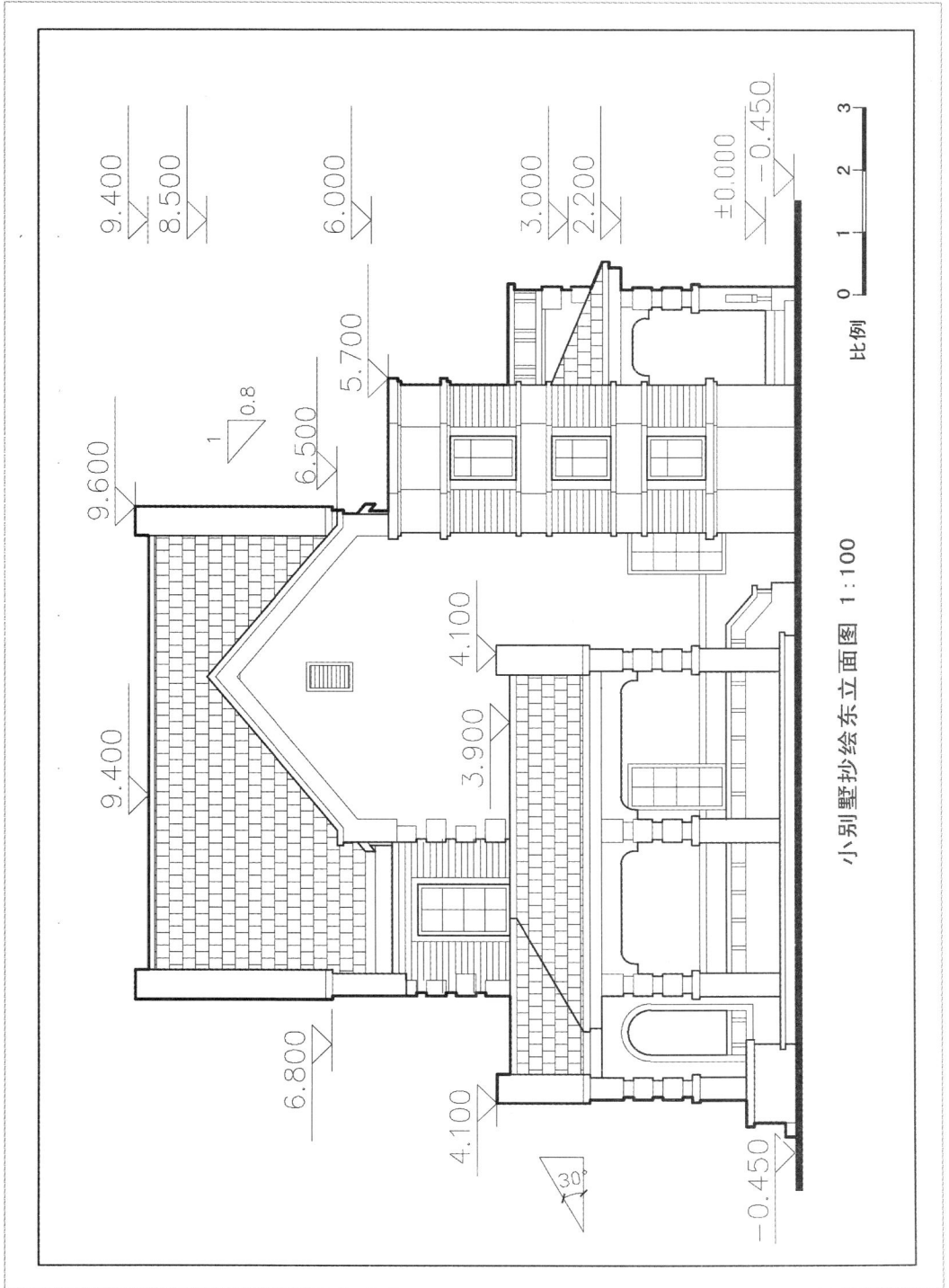

小别墅抄绘东立面图 1∶100

比例

附图 6-6.9

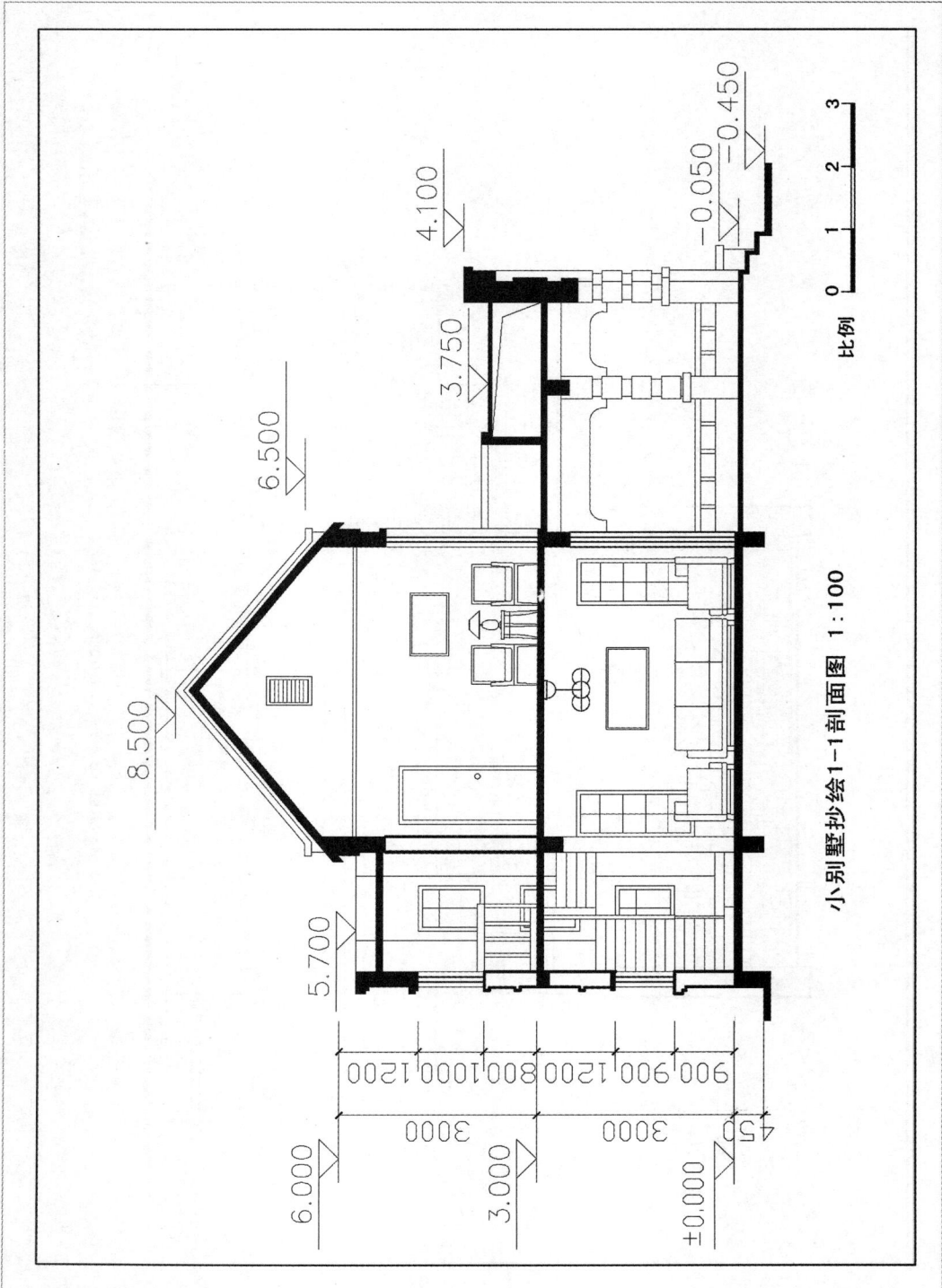

小别墅抄绘1-1剖面图 1:100

比例 0 1 2 3

附图 6-6.10

建筑观感图好绘

班级：景观134
姓名：孙时鹰
学号：09
指导：李廷峻

A2图比例绘制

东立面 1:100

南立面 1:100

1—1剖面图 1:100

平面图 1:100

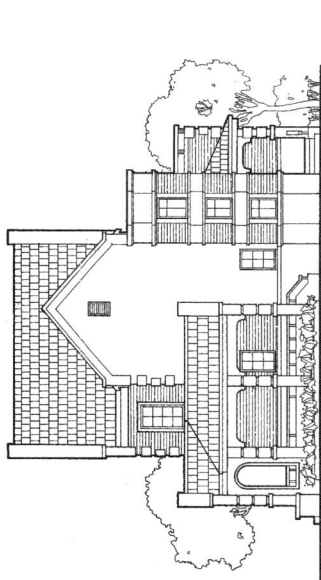

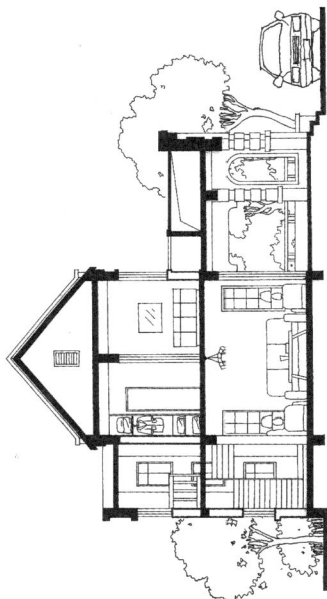

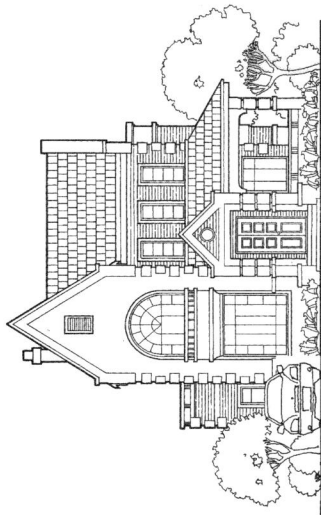

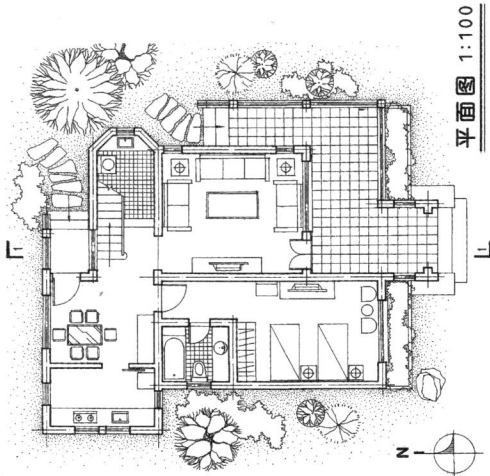

jianzhuguangantuohaohui

6.7　建筑透视作图练习

作业目的：
·通过透视作图的练习，了解透视形成的基本概念、透视规律和透视的不同种类。

作业内容：
·几何体块的透视作图。
·小建筑的透视抄绘。

作业要求：
·强调透视的作图过程，思路清楚作图准确，并掌握基本的透视规律。

图纸规格：
·几何体块的作图可用 A4 图幅。
·小建筑抄绘可用 A3 图幅。

参考资料：
·附图 6-7.1~ 附图 6-7.5 及其他透视图资料。

备　注：
·本作业主要以抄绘性作图，了解并熟悉透视的基本概念和作图规律为主，教师面授时应强调作图过程和基本的作图方法。
·此作业尽可能安排在钢笔水彩渲染前为好。

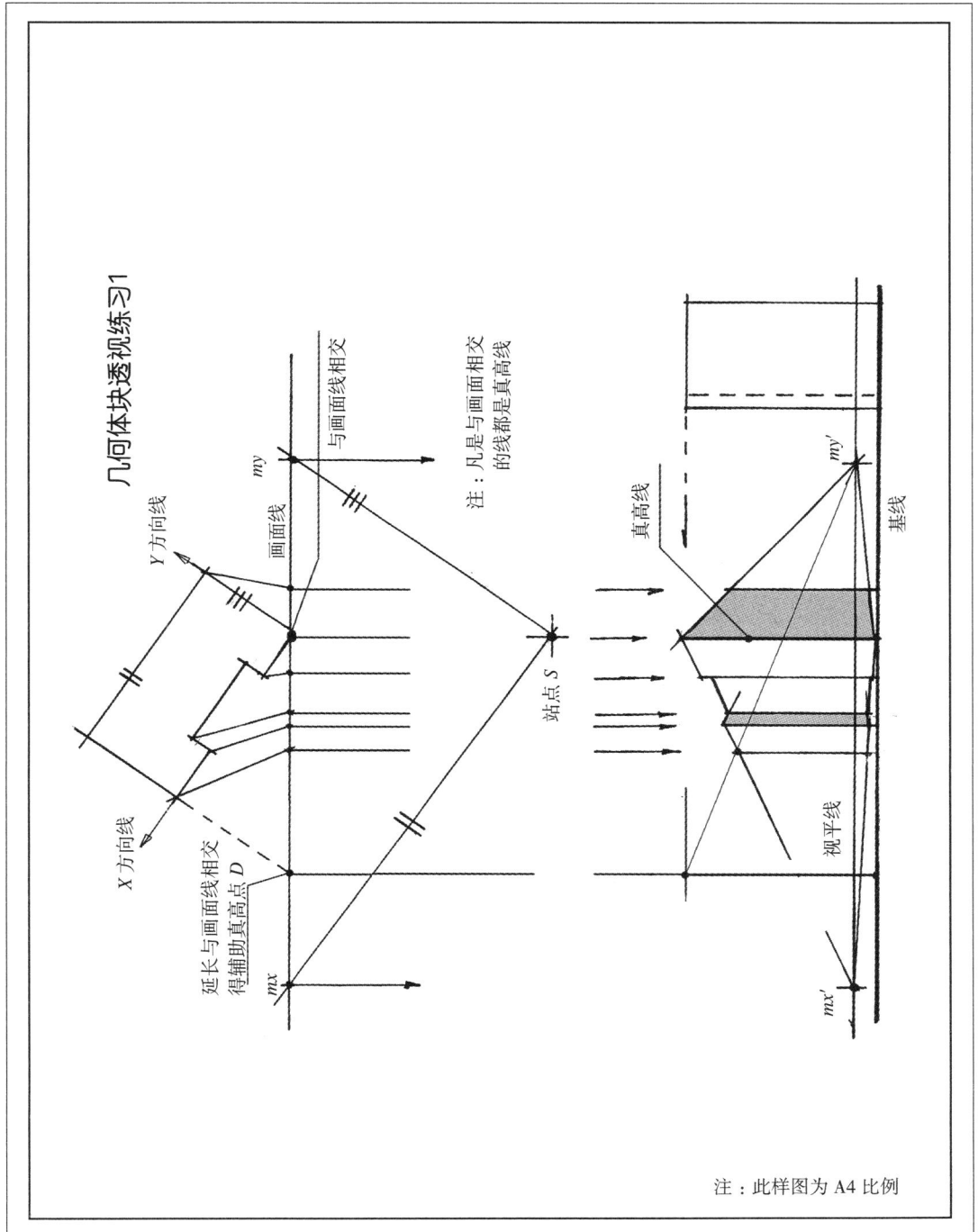

几何体块透视练习1

注：凡是与画面线相交的线都是真高线

Y 方向线

画面线

与画面线相交

X 方向线

延长与画面线相交
得辅助真高点 D

站点 S

真高线

基线

视平线

注：此样图为 A4 比例

附图 6-7.1

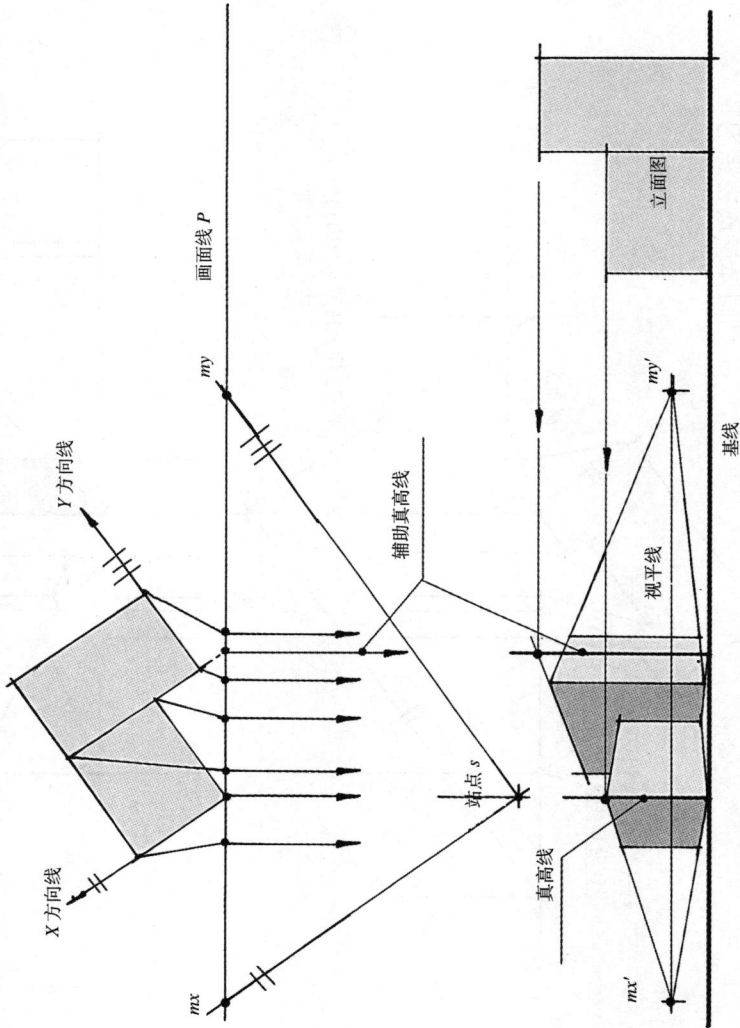

几何体块透视练习2

画面线 P

my

Y 方向线

辅助真高线

X 方向线

站点 s

mx

立面图

my'

视平线

真高线

基线

mx'

注：此样图为 A4 比例

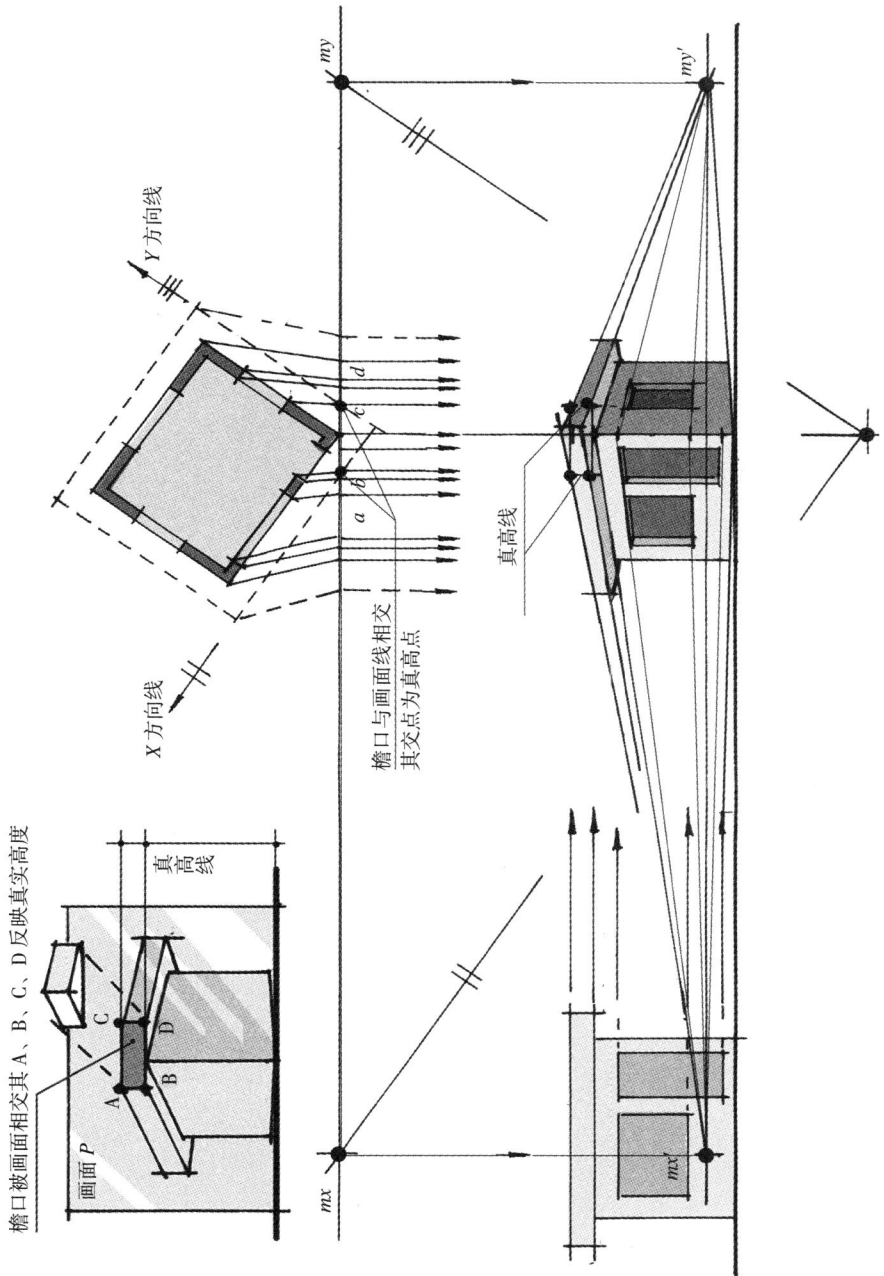

小建筑体块透视练习

X 方向线

Y 方向线

檐口与画面线相交
其交点为真高点

真高线

檐口被画面相交其 A、B、C、D 反映真实高度

画面 *P*

真高线

my

my'

mx

mx'

注：此样图为 A4 比例

附图 6-7.3

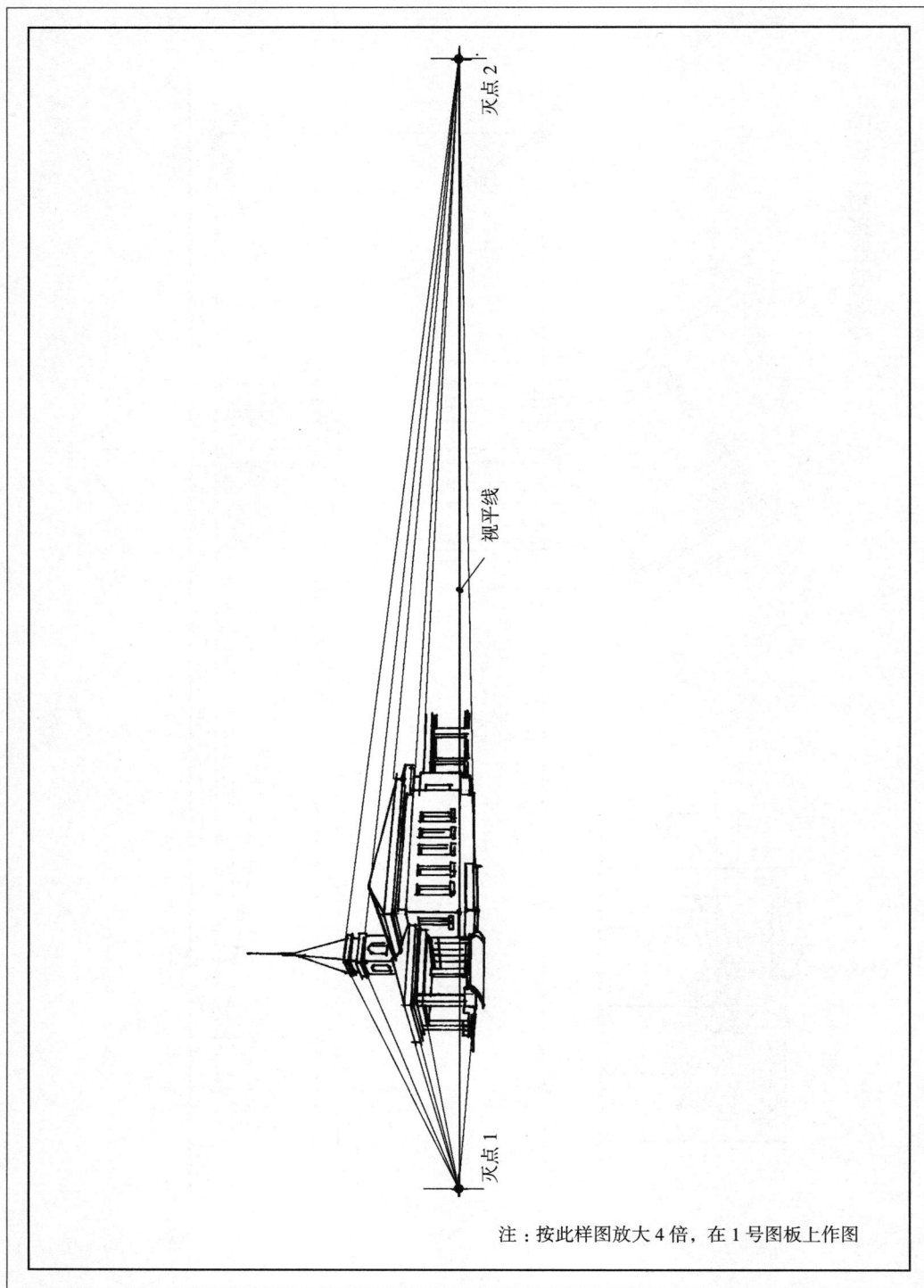

灭点 2

视平线

灭点 1

注：按此样图放大 4 倍，在 1 号图板上作图

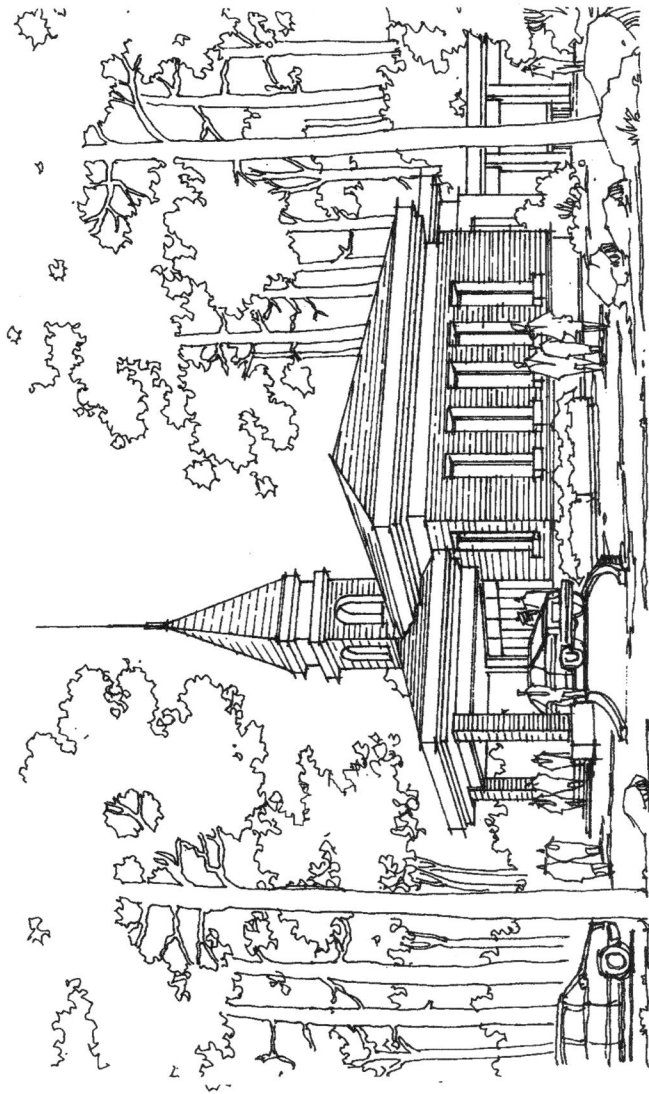

注：画完透视并放大 1 倍后进行配景，作为钢笔水彩渲染的底稿备用

附图 6-7.5

6.8 钢笔水彩渲染练习

作业目的：

·水彩渲染已有一定的历史，它具有色彩清晰、明快、作图方便之特点。钢笔水彩更具强烈的塑造力和表现力。尤其对电脑普及的今天，快速手绘已成为设计表现领域中的重点。

·希望通过水彩渲染加钢笔勾线的表现环节，快捷而强烈地表现设计意图。

作业内容：

·色块的基本练习。

·钢笔水彩建筑方案图表现。

作业要求：

·首先要求学会水彩纸的裱纸方法。

·色块练习主要掌握平涂与退晕二种基本运笔法，以及天空的湿画法和运笔要领。

·钢笔水彩建筑方案图表现的着色程序，一般情况下是在稿线基础上先着色，着色完毕后再钢笔勾线。但也有先画钢笔线条而后再着色，但这一方法最大的缺点是钢笔墨线上盖了一层色彩，画面对比度降低了；同时，也可能钢笔线条碰到色水后会渗开而造成前功尽弃。

图纸规格：

·色块练习用 2 号水彩纸（最后下板的尺寸建议 500×350mm）。

·方案图表现用 2 号水彩纸（同上）。

参考资料：

·附图 6-8.1、附图 6-8.5 和其他参考资料。

备   注：

·水彩表现前必须先裱纸。上色时平涂、退晕不宜采用传统方法一遍遍叠加，可用美术写生水彩画法，掌握水彩画特性一次作图完成，特别是退晕，调配好不同浓度色水一次接色完成，这一画法比较快速。

·方案图表现同样采用以上渲染方法，颜色水也不一定要过滤。

附图 6-8.1

钢笔水彩渲染练习2

小别墅立面渲染

注：A2 图幅绘制

钢笔水彩渲染练习3

A2图幅绘制

售楼处小建筑

附图 6-8.3

钢笔水彩渲染练习4

汽车之家

A2图幅绘制

2 2016.10.12

附图6-8.4

钢笔水彩渲染练习5

A2图幅绘制

山地旅馆大堂

附图6-8.5

6.9 快速表现

作业目的：
· 正确掌握彩铅的平涂、退晕和叠加的运笔法以及不同色彩之间的协调与对比。
· 为中低年级方案表现以及高年级快题表现奠定基础。

作业内容：
· 平涂、退晕和叠加的基本运笔练习。
· 钢笔线条图的着色临摹。

作业要求：
· 要求色彩明快，重点突出，切忌喧宾夺主。

图纸规格：
· A4 幅面，可采用 ≥ 70 克的复印纸。

参考资料：
· 附图 6-9.1 ~ 附图 6-9.14 或其他参考资料。

备　　注：
· 该作业课堂时间不宜太多，1 至 2 学时即可，大量时间安排在课余。安排彩铅练习可结合每周的钢笔徒手画练习并持之以恒。

彩色铅笔基本练习1

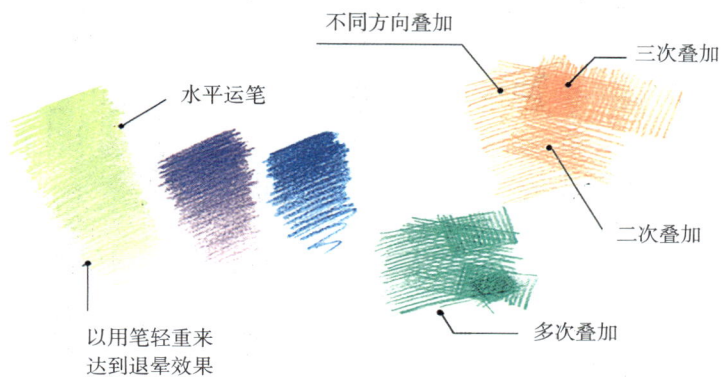

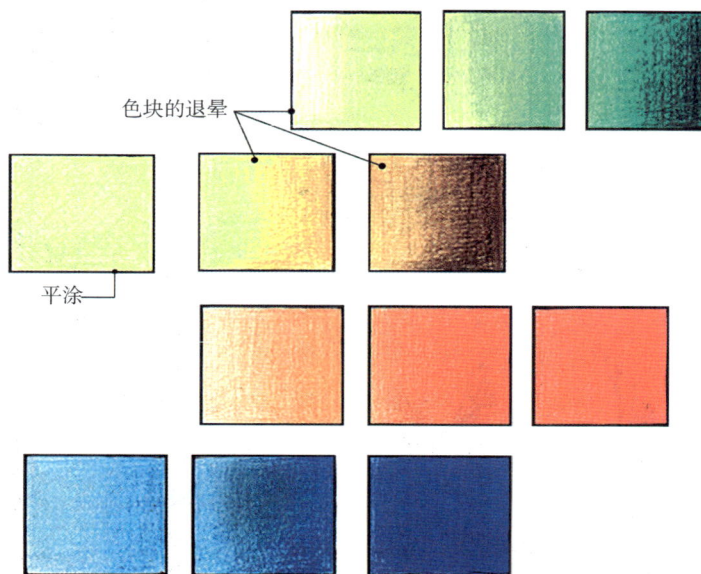

不同方向叠加

三次叠加

水平运笔

二次叠加

以用笔轻重来
达到退晕效果

多次叠加

色块的退晕

平涂

彩色铅笔基本练习2

注：此样图为 A4 比例

附图 6-9.2

彩色铅笔基本练习3

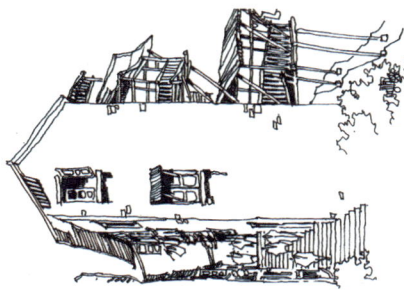

1. 上色前应先画好钢笔线条图
2. 上色时的注意色彩的退晕变化

注：此样图为 A4 比例

彩色铅笔基本练习4

注：此样图为 A4 比例

附图 6-9.4

彩色铅笔基本练习5

注：此样图为 A4 比例

彩色铅笔基本练习6

注：A4 图幅绘制

附图 6-9.6

彩色铅笔基本练习7

注：A4 图幅绘制

附图 6-9.7

彩色铅笔基本练习8

注：A4 图幅绘制

附图 6-9.8

彩色铅笔基本练习9

杭州未来科技城

注：A3 图幅绘制

马克笔基本练习1

马克笔笔基本练习2

注：A4 图幅绘制

方案的快速表现练习1

注：A4 图幅绘制

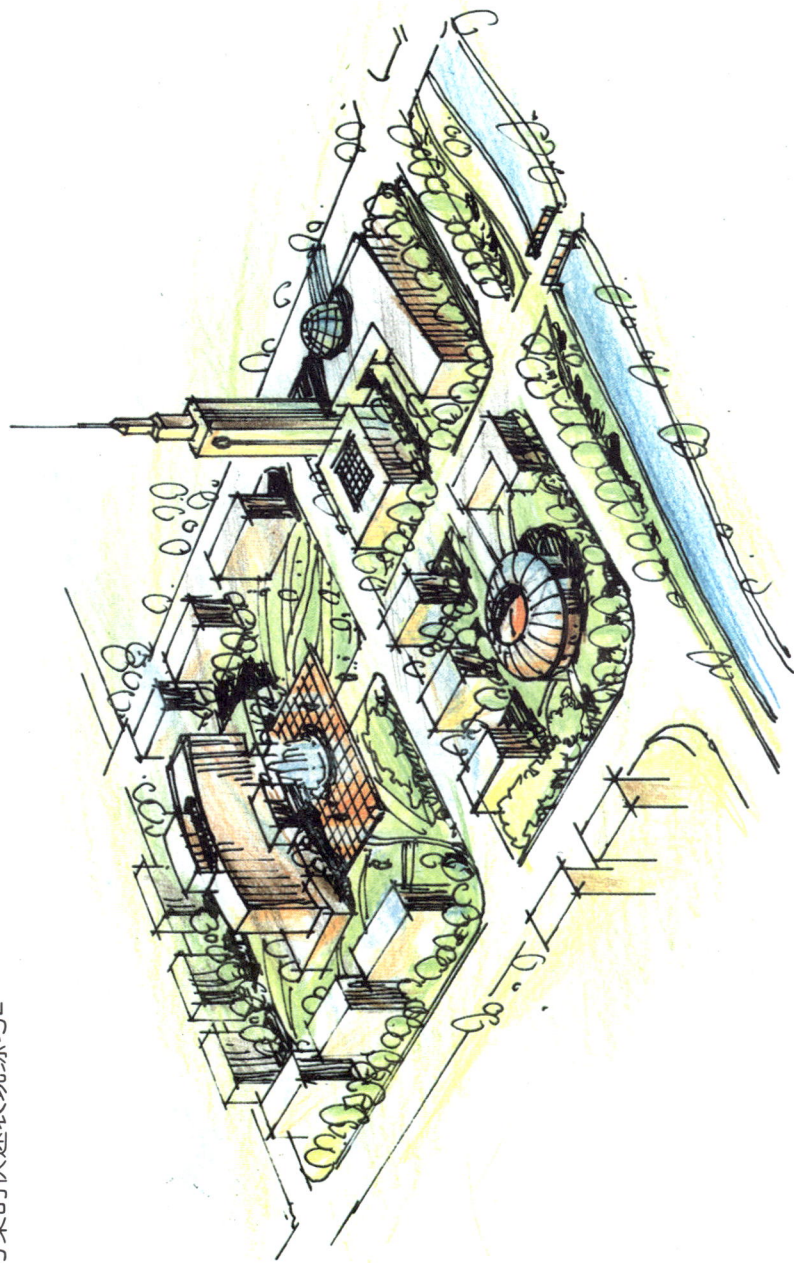

方案的快速表现练习2

注：A4 图幅绘制

方案的快速表现练习3

注：A4 图幅绘制

方案的快速表现练习4

注：A4 图幅绘制

方案的快速表现练习5

注：A4 图幅绘制

6.10 模型制作

作业目的：

·模型制作是建筑设计过程中一个立体思维和展示的表达方式。它是全面反映出建筑物内外不同部位的做法，这种立体的表达也是在校学生必须掌握的基本技能。

·通过模型制作，进一步理解和认识建筑各部件的组合，同时也增强了建筑物内外空间的概念。

作业内容：

·某宾馆大堂建筑。

·也可由教师提供其他建筑图纸或学生自行查找其他建筑图。

作业要求：

·正确理解和熟悉建筑物平、立、剖等图纸间的关系，以及建筑物各墙面、屋面、地面的关系。

·制作过程中的裁切、粘贴等工序做工要仔细。

·建议用单色卡纸或卡板制作。

图纸规格：

·所提供建筑方案图抄绘的图纸为 1 ： 150，请复原为 1 ： 100，模型按 1 ： 100 比例制作。

·环境制作自定，但不宜太复杂，或者由教师指定。

参考资料：

·附图 6-6.1 ～附图 6-6.5 或其他参考资料。

备   注：

·该模型体量较小，要求每人独立完成。

6.11 建筑测绘

作业目的：
· 通过测绘一个小型建筑并绘制建筑平、立、剖面图，了解并掌握建筑测绘的基本方法。
· 深入体会并认识建筑物构成的要素以及它们之间的相互关系。
· 进一步理解建筑实物与建筑工程图之间的关系，正确掌握建筑制图的表示法。

作业内容：
· 实测一个小型建筑物，如传达室、小卖部等。

作业要求：
· 以 3 ～ 4 人一组，进行建筑物的测绘，每组绘制一套平、立、剖面图。
· 先用铅笔徒手绘制测绘平、立、剖草图。
· 先画平面，并标注相应的尺寸，再画立面与剖面。
· 现场可以不上墨线，但图与尺寸一定要校对正确。
· 回教室后，整理草图并绘制正图。

图纸规格：
· 现场测绘可以用 A3 图幅，画草图。
· 正图一般用 A2 图幅，以 1 ： 100 的比例绘制。如果建筑物面积大，也可用 A1 图幅，由任课教师决定。

参考资料：
· 各兄弟院校测绘成果或其他参考资料。

备　注：
· 初次测绘选择测绘的建筑物不宜太复杂，面积也不宜大，50 平方米大小即可。强调测绘的方法与过程，为今后的古建测绘或参观调研、资料收集打好基础。

6.12 小建筑设计

作业目的：
· 通过简单的建筑形式及空间环境设计，初步了解建筑设计基本过程和方法。
· 了解并认识建筑物构成的三要素。
· 重点学习如何将一个构思中的建筑方案图准确地、艺术地表达出来。

作业内容：
· 在给定的基地环境内，设计一栋小建筑如：度假小屋，游船码头，公园售货亭等功能较简单的园林建筑为宜，设计任务书各校可结合具体情况自定。
· 适当考虑建筑周边环境因素但不宜复杂。

作业要求：
· 第一次做建筑设计，首先需强调设计的程序与构思过程，同时要求做到同类建筑的资料收集与分析。
· 强调比例作用下的徒手作图，养成良好的徒手作图习惯。
· 平、立、剖面图需进行环境配置。
· 正图要求墨线加色彩并有建筑透视图的表现。

图纸规格：
· A1 图幅，根据题目情况由教师决定，图纸量宜 1 张为好。

参考资料：
· 各兄弟院校同年级作业和其他参考资料。

备　注：
· 第一次设计，其重点要求如何将一个构思中的形象正确地表达到一个平面图上来。严格检查平、立、剖之间相互的投影关系，不宜追求建筑空间创造而忽视建筑制图的规范表达。
· 所有绘制的图线必须粗细有别，书写字体工整，其表达必须符合国家制图规范与标准。
· 正图绘制必须用尺规手绘，一律不得使用计算机辅助设计。

参考文献

[1] 田学哲 主编. 建筑初步（第二版）. 北京：中国建筑工业出版社，2010.

[2] 朱德本，朱琦 编著. 建筑初步新教程. 上海：同济大学出版社，2006.

[3] 李必瑜 魏宏杨 主编. 建筑构造. 北京：中国建筑工业出版社，2008.

[4] 钟训正，孙钟阳，王文卿 编著. 建筑制图（第二版）. 南京：东南大学出版社，2005.

[5] 彭一刚 著. 建筑空间组合论（第二版）. 北京：中国建筑工业出版社，2005.

[6] 李延龄，李李 主编. 建筑与徒手表现. 北京：中国建筑工业出版社，2007.

[7] 李延龄，刘鹜，李李 编著. 钢笔徒手画表现技法. 北京：中国建筑工业出版社，2012.

[8] 李延龄，刘鹜，李李 编著. 建筑方案设计的表现. 北京：中国建筑工业出版社，2012.

[9] 李延龄 主编. 建筑设计原理. 北京：中国建筑工业出版社，2011.

[10] 李宏. 中外建筑史. 北京：中国建筑工业出版社，2009.

[11] 罗小未. 外国建筑历史图说. 上海：同济大学出版社，1986.